AF389042

NOUVEAU COURS

D'EXERCICES & DE PROBLÈMES

D'ALGÈBRE

AVEC LES SOLUTIONS RAISONNÉES

A L'USAGE

Des Institutions, des Écoles professionnelles et normales

Par M. Ph. ANDRÉ

PARIS

LIBRAIRIE CLASSIQUE E. ANDRÉ Fils

H. ANIÈRE

VICTORION Frères et Cie Successeurs

6, rue Casimir-Delavigne, 6

EXERCICES ET PROBLÈMES

D'ALGÈBRE

NOUVEAU COURS

D'EXERCICES & DE PROBLÈMES

D'ALGÈBRE

AVEC LES SOLUTIONS RAISONNÉES

A L'USAGE

Des Institutions, des Écoles professionnelles et normales

Par M. Ph. ANDRÉ

NEUVIÈME ÉDITION

PARIS

LIBRAIRIE CLASSIQUE E. ANDRÉ FILS

H. ANIÉRÉ

VICTORION FRÈRES ET Cie SUCCESSEURS

6, rue Casimir-Delavigne, 6

EXERCICES ET PROBLÈMES D'ALGÈBRE

AVEC LES SOLUTIONS.

Exercices et problèmes sur l'addition.

1. Ajouter les polynômes $5a^2 - a^3 + ab$ et $-3a^2 + 2a^3 + 3ab$.

Solution.

$$
\begin{array}{l}
5a^2 - a^3 + ab \\
-3a^2 + 2a^3 + 3ab \\
\hline
2a^2 + a^3 + 4ab.
\end{array}
$$

2. Faire la somme des polynômes suivants :

$$a^5b^4 + 3a^4b^3 - \tfrac{1}{4}a^3b^2 + 19a^2b + a,$$
$$-3a^5b^4 + 4a^4b^3 - 5a^3b^2 - 16a^2b - 5a,$$
$$2a^5b^4 - 5a^4b^3 + 6a^3b^2 + a^2b + 11a.$$

Solution.

$$
\begin{array}{l}
a^5b^4 + 3a^4b^3 - \tfrac{1}{4}a^3b^2 + 19a^2b + a \\
-3a^5b^4 + 4a^4b^3 - 5a^3b^2 - 16a^2b - 5a \\
2a^5b^4 - 5a^4b^3 + 6a^3b^2 + a^2b + 11a \\
\hline
2a^5b^4 + \tfrac{3}{4}a^3b^2 + 4a^2b + 7a.
\end{array}
$$

3. Additionner les polynômes

$$
\begin{array}{l}
5a^4b^2 - 4a^3 + 6a^2b - 4c, \\
-3a^3 + 4a^4b^2 - 5a^2 + 1, \\
5c - 6ab + 4a + 6, \\
-7 + 3ab - 5 + \tfrac{1}{4}a.
\end{array}
$$

Solution.

$$5a^4b^7 - 4a^3 + 6a^2b - 4c$$
$$4a^4b^7 - 3a^3 \qquad - 3a^2 + 1$$
$$5c \qquad + 6 - 6ab + 4a$$
$$- 12 + 3ab + \frac{1}{4}a$$
$$\overline{9a^4b^7 - 7a^3 + 6a^2b + c - 3a^2 - 5 - 3ab + 4{,}25a.}$$

4. Vous avez a francs et l'on vous donne encore 3 francs : combien possédez-vous en tout?

Solution.

a francs + 3 francs = $(a + 3)$ fr.

5. Une personne a gagné 4 fr., b fr. et 7 fr. : on demande d'exprimer ce qu'elle a gagné en tout.

Solution.

4 fr. + b fr. + 7 fr. = b fr. + 11 fr. = $(b + 11)$ fr.

6. On vous doit a fr., b fr. et c fr. : combien vous doit-on en tout?

Solution.

$a + b + c.$

7. Quel sera l'âge d'une personne dans x années, si elle a aujourd'hui 23 ans?

Solution.

$23 + x.$

8. Un courrier a déjà fait 15 kilomètres et doit encore en faire y : combien en fera-t-il en tout?

Solution.

$15 + y.$

9. Une personne dépense une première fois a fr., une autre fois b fr., et il lui reste encore c fr. : combien avait-elle en tout?

Solution.

Elle avait $a + b$ qu'elle a dépensés et c fr. qui lui restent, en tout

$a + b + c.$

10. Un voyageur doit faire 25 kilomètres plus x, et un autre 35 plus y : quel est le chemin à parcourir?

Solution.

Le chemin à parcourir est
$$25 + x + 35 + y = 60 + x + y.$$

Exercices et problèmes sur la soustraction.

11. Exprimer la différence qui existe entre a et $-b + d$.

Solution.

En changeant les signes de la quantité à soustraire, on a
$$a + b - d.$$

12. Trouver la différence des polynômes $a + b + cd$ et $2a - 3b + cd$.

Solution.

Cette différence est
$$a + b + cd - 2a + 3b - cd = 4b - a.$$

13 On demande le résultat de la soustraction indiquée ci-dessous :
$$(a^2b^4 - a^2b^4 + 4a^3b^3) - (- 2a^2b^6 - a^3b^4 + 9a^4b^3).$$

Solution.

Si l'on change les signes des quantités comprises dans la seconde parenthèse, il viendra
$$a^2b^4 - a^3b^4 + 4a^4b^3 + 2a^2b^6 + a^3b^4 - 9a^4b^3 - a^2b^4 + 2a^2b^6 - 5a^4b^3.$$

14. Exprimer la différence des binômes $a + \sqrt{b}$ et $-a + \sqrt{b}$.

Solution.

La différence est
$$a + \sqrt{b} + a - \sqrt{b} = 2a.$$

15. Une personne gagne a francs par jour et dépense 1 fr. 50 : quelle est son économie journalière?

Solution.

Son économie est

$$a - 1,50.$$

16. Quel était l'âge d'une personne il y a x année, sachant qu'aujourd'hui elle a 40 ans?

Solution.

L'âge de cette personne était

$$40 - x.$$

17. Deux fontaines coulent dans un même bassin : la première donne a litres par heure, et la seconde b litres, mais le bassin laisse échapper c litres dans le même temps : on demande ce qu'il reçoit par heure.

Solution.

Ce bassin reçoit par heure a litres $+$ b litres; mais comme il laisse échapper c litres dans le même temps, il reçoit seulement dans une heure

$$a + b - c.$$

18. Les trois côtés d'un triangle valent $2\,p$, l'un d'eux est a : on demande la somme des deux autres.

Solution.

Les deux autres côtés vaudront

$$2\,p - a.$$

19. Un angle d'un triangle est $47^\circ\,24'$, un autre A : lire la valeur du troisième.

Solution.

Les trois angles d'un triangle valent 180°, la valeur du troisième que nous cherchons sera donc

$$180^\circ - 47^\circ\,24' - A = 132^\circ\,36' - A.$$

20. On a πR^2 pour la surface d'un cercle et πr^2 pour celle d'un autre : exprimer la différence de ces deux surfaces.

Solution.

La différence des deux surfaces sera

$$\pi R^2 - \pi r^2 = \pi (R^2 - r^2).$$

Cette formule indique que *l'aire d'une couronne s'obtient en multipliant la différence des carrés des rayons qui la détermi- nent par la quantité constante* π.

On suppose généralement que $\pi = 3,1416$, ou $3,142$, quand on ne veut pas une grande approximation.

Exercices et problèmes sur la multiplication.

21. Faire le produit de $4a^5$ par $3a^2b$.

Solution.

$$4a^5 \times 3a^2b = 12a^7b.$$

22. On demande le produit de a^2b^3c par $-\frac{4}{3}b^2c^2$.

Solution.

$$a^2b^3c \times -\frac{4}{3}b^2c^2 = -\frac{4}{3}a^2b^5c^3.$$

23. Effectuer la multiplication de $-21ab^2m$ par $\frac{2}{3}a^2bm^4$.

Solution.

$$-21ab^2m \times \frac{2}{3}a^2bm^4 = -14a^3b^3m^5.$$

24. Quel sera le produit de $-\frac{4}{5}mn^2$ par $-\frac{3}{4}am^2n$?

Solution.

$$-\frac{4}{5}mn^2 \times -\frac{3}{4}am^2n = \frac{3}{5}am^3n^3.$$

25. Trouver le carré de $a-x$.

Solution.

$$(a - x)^2 = (a \quad x)(a - x) = a^2 - 2ax + x^2$$

26 Faire le cube de $a - b$.

Solution.

$$(a - b)^3 = (a - b)(a - b)(a - b) = a^3 - 3a^2b + 3ab^2 - b^3.$$

27. La base d'un triangle est b et sa hauteur h : on demande sa surface.

Solution.

On obtient l'aire d'un triangle en multipliant sa base par la moitié de sa hauteur. La surface demandée sera par conséquent

$$b \times \frac{h}{2} = \frac{bh}{2}.$$

28. Quelle est la surface d'un carré dont le côté est a?

Solution.

$$a \times a \quad a^2.$$

29. On demande l'aire d'un rectangle dont la base est b et la hauteur h.

Solution.

$$b \times h = bh$$

30. Quel sera le carré construit sur la somme de deux lignes a et b?

Solution.

Ce carré sera égal à la somme des carrés des deux lignes plus deux fois le rectangle construit sur les mêmes lignes, car

$$(a + b)^2 = a^2 + b^2 + 2ab.$$

31. On désire connaître le carré fait sur la différence des mêmes lignes.

Solution.

Le carré construit sur la différence des mêmes lignes ser

$$(a - b)^2 = a^2 - 2ab + b^2 = a^2 + b^2 \quad 2ab.$$

32. Exprimer l'aire d'un trapèze, sachant que B est la grande base, b la petite base et h la hauteur.

Solution.

L'aire du trapèze sera

$$\frac{B + b}{2} \times h = \frac{h(B + b)}{2}.$$

33. On demande la surface d'un cercle dont le rayon est R et la circonférence c.

Solution.

Pour avoir la surface d'un cercle, on multiplie la circonférence par la moitié du rayon : la surface sera donc

$$c \times \frac{R}{2} = \frac{cR}{2}.$$

34. Trouver une autre formule, sachant que $c = 2\pi R$.

Solution.

Si dans la formule précédente on remplace c par sa valeur $2\pi R$, il viendra

$$c \times \frac{R}{2} = 2\pi R \times \frac{R}{2} = \frac{2\pi R^2}{2} = \pi R^2.$$

35. Trouver encore une autre formule, sachant que $R = \frac{d}{2}$.

Solution.

Si $R = \frac{d}{2}$, on a $R^2 = \frac{d^2}{4}$, remplaçant dans la formule précédente R^2 par sa valeur, on obtient

$$\pi R^2 = \pi \frac{d^2}{4} = \frac{\pi d^2}{4}.$$

36. Décomposer le binôme $a^2 - x^2$ en deux facteurs.

Solution.

$$a^2 - x^2 = (a + x)(a - x).$$

37. Transformer l'expression $c = \sqrt{a^2 - b^2}$ en une autre équivalente.

Solution

$$c = \sqrt{a^2 - b^2} = \sqrt{(a + b)(a - b)}.$$

38. Changer l'expression 25 — 16 en une autre.

Solution.

$$25 - 16 = (5 + 4)(5 - 4).$$

39. La formule qui indique la surface d'une sphère est $4\pi R^2$; on demande la valeur de cette expression dans le cas où $R = 1^m,20$.

Solution.

Dans le cas où $R = 1^m,20$, on a

$$4\pi R^2 = 4 \times 3,1416 \times 1,20 \times 1,20 = 18^{mc},095646.$$

40. Transformer la formule $4\pi R^2$ en une autre, sachant que $R = \dfrac{d}{2}$.

Solution.

$$R = \frac{d}{2}, \quad R^2 = \frac{d^2}{4} \; ; \; \text{donc}$$

$$4\pi R^2 = 4\pi \frac{d^2}{4} = \pi d^2.$$

41. La hauteur d'un cylindre est H, et le rayon de sa base R ; on demande son volume.

Solution.

Le volume demandé sera $\pi R^2 \times H = \pi R^2 H$, car on obtient le volume d'un cylindre en multipliant la surface de sa base par sa hauteur.

42. Chercher les dimensions d'un double décalitre, sachant que sa hauteur est égale à son diamètre.

Solution.

Un double décalitre étant un cylindre, son volume sera $\pi R^2 H$; mais la hauteur égalant le diamètre, on a $H = d = 2R$, remplaçant H par sa valeur il vient

$$\pi R^2 H = \pi R^2 \times 2R = 2\pi R^3.$$

Or, le volume d'un double décalitre est égal à 20 décimètres cubes, donc

$$2\pi R^3 = 20$$

$$R^3 = \frac{20}{2\pi} = \frac{10}{\pi}$$

$$R = \sqrt[3]{\frac{10}{\pi}} = 1 \text{ décimètre } 471.$$

Comme la hauteur $H = 2R$, on a H $2^d,942$.

43 Trouver le volume d'un cône, sachant que le rayon de sa base est R et sa hauteur H.

Solution.

Le volume demandé sera $\dfrac{\pi R^2 H}{3}$, car le volume d'un cône s'obtient en multipliant la surface de sa base par le $\dfrac{1}{3}$ de sa hauteur.

44. On demande le volume d'un cube dont l'arête est a.

Solution.

$$a \times a \times a = a^3.$$

45. Trouver le produit de a^m par a^n et par a^p.

Solution.

$$a^m \times a^n \times a^p = a^{m+n+p}.$$

Exercices et problèmes sur la division.

46. Diviser $4a^5b^3$ par a^2b.

Solution.

$$\frac{4a^5b^3}{a^2b} = 4a^3b^2.$$

47. Chercher le quotient de $24a^3b^5c^2$ par $-3a^2b$.

Solution.

$$\frac{24a^3b^5c^2}{-3a^2b} = -8ab^4c^2.$$

48. Diviser $-24a^3b^5c^2$ par $3a^2b$.

Solution.

$$\frac{-24a^3b^5c^2}{3a^2b} = -8ab^4c^2.$$

1.

49. Quel est le quotient de $-4a^5b^4$ par $-a^2b$?

Solution.

$$\frac{-4a^5b^4}{-a^2b} = 4a^3b^3.$$

50. Simplifier la fraction $\frac{5a^3b^2}{10a^4bc}$.

Solution.

$$\frac{5a^3b^2}{10a^4bc} = \frac{b}{2ac}.$$

51. Transformer l'expression $\frac{ax^3+bx^3+c^3x^3}{bx^2}$ en une autre équivalente.

Solution

$$\frac{ax^3+bx^3+c^3x^3}{bx^2} = \frac{x^3(a+b+c^3)}{bx^2} = \frac{x(a+b+c^3)}{b}.$$

52. A quoi est égale la fraction $\frac{a^2x^2-b^2x^2}{ax+bx}$?

Solution.

$$\frac{a^2x^2-b^2x^2}{ax+bx} = \frac{x(a^2-b^2)}{a+b} = \frac{x(a+b)(a-b)}{a+b} = x(a-b).$$

53. $a^{-2}c^{-3} =$

Solution.

$$a^{-2}c^{-3} = \frac{1}{a^2c^3}.$$

54. $\frac{1}{b^3} =$

Solution.

$$\frac{1}{b^3} = b^{-3}.$$

55. $\frac{a^0+b^0+c^0}{3} =$

Solution.

$$\frac{a^0+b^0+c^0}{3} = \frac{1+1+1}{3} = \frac{3}{3} = 1.$$

56. Chercher la valeur de $\dfrac{a^3 - b^3}{a - b}$.

Solution.

$$a^3 - b^3$$
$$a - b$$

$$
\text{ou} \quad
\begin{array}{l}
a^3 - b^3 \\
- a^3 + a^2 b \\
\hline
a^2 b - b^3 \\
- a^2 b + a b^2 \\
\hline
a b^2 \quad\; b^3 \\
- a b^2 + b^3 \\
\hline
\qquad\; 0
\end{array}
\quad\Bigg|\quad
\begin{array}{l}
a - b \\
\hline
a^2 + ab + b^2
\end{array}
$$

57. Appliquée au cercle, que signifie cette formule $d = \dfrac{c}{\pi}$?

Solution.

Le diamètre est égal à la circonférence divisée par π.

58. Quelle est la valeur de d, si dans la formule $d = \dfrac{c}{\pi}$ on fait $c = 4^{m},612$?

Solution.

$$d = \dfrac{4,612}{3,1416} = 1^{m},468.$$

59. Comment exprimeriez-vous cette formule $R = \dfrac{c}{2\pi}$, en l'appliquant au cercle ?

Solution.

Le rayon est égal à la circonférence divisée par 2π.

60. Dans la formule $R = \dfrac{c}{2\pi}$, que vaut R, si l'on fait $c = 1$ mètre ?

Solution.

$$R = \dfrac{c}{2\pi} = \dfrac{1}{2 \times 3,1416} = 0,159.$$

61. Que signifie cette formule $H = \dfrac{\backslash}{\pi R^2}$, quand il s'agit d'un cylindre ?

Solution.

Cette formule fait connaître que, dans un cylindre, la hauteur égale le volume divisé par la surface de la base

62. Si, dans la formule $H = \dfrac{V}{\pi R^2}$, on fait $V = 1$ mètre cube, $R = 0^m,25$, que vaudra H?

Solution.

On aura $H = \dfrac{V}{\pi R^2} = \dfrac{1}{3,1416 \times 0,25 \times 0,25} = 5^m,0929$.

63. Qu'exprimera le quotient de la surface d'une sphère par 4π?

Solution.

Ce quotient exprimera le carré du rayon de cette sphère, car la surface d'une sphère étant $4\pi R^2$, en divisant cette surface par 4π, on a

$$\frac{4\pi R^2}{4\pi} = R^2.$$

64. Le volume d'une sphère est $\dfrac{4\pi R^3}{3}$: quel sera le quotient de $3V$ par 4π (V indique le volume de la sphère)?

Solution.

Ce quotient sera le cube du rayon de la sphère, car $\dfrac{4\pi R^3}{3} = V$, d'où $4\pi R^3 = 3V$, et en divisant les deux membres par 4π, il vient

$$R^3 = \frac{3V}{4\pi}.$$

65. Trouver la hauteur H d'un rectangle R, sachant que sa base B est égale à $108^m,20$ et sa surface $5442^{mc},46$.

Solution.

On a $R = BH$, d'où $H = \dfrac{R}{B}$, remplaçant les lettres par leur valeur, on obtient

$$H = \frac{R}{B} = \frac{5442,46}{108,20} = 50^m,30.$$

66. Indiquer une règle générale pour trouver la hauteur H ou la base B d'un rectangle R, lorsqu'on connaît la surface et l'une de ses dimensions (H ou B).

Solution.

On divise la surface par la dimension connue.

67. Un triangle T a 720 mètres carrés de superficie : on demande sa base B, sachant que sa hauteur H est de 30 mètres.

Solution.

$$T = \frac{BH}{2}, \quad 2T = BH, \quad B = \frac{2T}{H}.$$ Remplaçant les lettres par leur valeur, on a

$$B = \frac{2 \times 720}{30} = 48^m.$$

68. Indiquer, par une formule générale, comment on obtient la hauteur H ou la base B d'un triangle, lorsqu'on connaît sa surface T et l'une de ses dimensions (H ou B).

Solution.

On divise le double de la surface par la dimension connue.

69. Trouver le quotient de a^m par a^n.

Solution.

$$\frac{a^m}{a^n} = a^{m-n}.$$

70. On demande la valeur de la fraction $\dfrac{a^2 (a^2 - b^2)}{b^2 (a - b)}$, dans le cas où l'on fait $a = b$.

Solution.

$$\frac{a^2 (a^2 - b^2)}{b^2 (a - b)} = \frac{a^2 (a + b)(a - b)}{b^2 (a - b)} = \frac{a^2 (a + b)}{b^2}; \text{ et comme } a = b, \text{ il vient}$$

$$\frac{a^2 (a + b)}{b^2} = \frac{a^2 (a + a)}{a^2} = 2a.$$

Exercices sur la résolution des équations à une inconnue.

71. $$3x - 16 = 2.$$

Solution.

$$3x - 16 = 2$$
$$3x = 18$$
$$x = 6.$$

72. $$4x + 5 = 15 - x$$

Solution.

$$4x + 5 = 15 - x$$
$$5x = 10$$
$$x = 2.$$

73. $$\frac{5x + 6}{3} - 2 = 5.$$

Solution.

$$\frac{5x + 6}{3} - 2 = 5$$
$$5x + 6 - 6 = 15$$
$$5x = 15$$
$$x = 3.$$

74. $$\frac{6x - 5}{2} = x + \frac{1}{2}$$

Solution.

$$\frac{6x - 5}{2} = x + \frac{1}{2}$$
$$6x - 5 = 2x + 1$$
$$4x = 1$$
$$x = 1$$

75. $\dfrac{2(x-3)}{7} + 4 - x = 3x - 34.$

Solution.

$$\dfrac{2(x-3)}{7} + 4 - x = 3x - 34$$
$$2x - 6 + 28 - 7x = 21x - 238$$
$$2x - 7x - 21x = - 6 - 28 - 238$$
$$- 26x = - 260$$
$$26x = 260$$
$$x = 10.$$

76. $\dfrac{x}{3} + \dfrac{x}{4} + x = 19.$

Solution.

$$\dfrac{x}{3} + \dfrac{x}{4} + x = 19$$
$$\dfrac{4x}{12} + \dfrac{3x}{12} + x = 19$$
$$4x + 3x + 12x = 19 \times 12$$
$$19x = 19 \times 12$$
$$x = \dfrac{19 \times 12}{19} = 12.$$

77. $\dfrac{5x}{3} + \dfrac{x}{2} = 4x + 18 - 4.$

Solution.

$$\dfrac{5x}{3} + \dfrac{x}{2} = 4x + 18 - 4$$
$$\dfrac{10x}{6} + \dfrac{3x}{6} = 4x + 22$$
$$10x + 3x = 24x + 132$$
$$- 11x = 132$$
$$11x = 132$$
$$x = \dfrac{132}{11} = 12.$$

78. $\dfrac{0.5x}{7} + \dfrac{3x}{9} + 4 - \dfrac{17}{21} + 3x - 2.$

Solution.

$$\frac{0,5x}{7} + \frac{x}{9} + 4 = \frac{17}{21} + 3x \qquad 2$$

$$\frac{0,5x}{7} + \frac{x}{3} = \frac{17}{21} + 3x - 6$$

$$\frac{4,5x}{21} + \frac{7x}{21} = \frac{17}{21} + 3x - 6$$

$$4,5x + 7x = 17 + 63x - 126$$

$$8,5x - 63x = 109$$

$$-54,5x = 109$$

$$545x = 1090$$

$$x = \frac{1090}{545} = 2.$$

79.
$$ax - b = c.$$

Solution.

$$ax - b = c$$
$$ax = c + b$$
$$x = \frac{c + b}{a}$$

80.
$$ax - bx = d.$$

Solution.

$$ax - bx = d$$
$$x(a - b) = d$$
$$x = \frac{d}{a - b}.$$

81.
$$\frac{ax - bx}{2} + d = c - e.$$

Solution.

$$\frac{ax - bx}{2} + d = c - e$$

$$\frac{ax - bx}{2} = c - e - d$$

$$ax - bx = 2(c - e - d)$$

$$x(a - b) = 2(c - e - d)$$

$$x = \frac{2(c - e - d)}{a - b}.$$

82.
$$\frac{a+b}{x} - d = 1.$$

Solution.

$$\frac{a+b}{x} - d = 1$$
$$a+b - dx = x$$
$$dx + x = a+b$$
$$x(d+1) = a+b$$
$$x = \frac{a+b}{d+1}.$$

83.
$$\frac{a-b}{2x} - 1 = c - 3.$$

Solution.

$$\frac{a-b}{2x} - 1 = c - 3$$
$$\frac{a-b}{2x} = c - 2$$
$$a - b = 2cx - 4x$$
$$2cx - 4x = a - b$$
$$x(2c - 4) = a - b$$
$$x = \frac{a-b}{2(c-2)}.$$

84.
$$\frac{c+b}{3x} - \frac{d}{x} = a - 4.$$

Solution.

$$\frac{c+b}{3x} - \frac{d}{x} = a - 4$$
$$\frac{c+b}{3x} - \frac{3d}{3x} = a - 4$$
$$c+b - 3d = 3ax - 12x$$
$$3ax - 12x = c+b - 3d$$
$$x(3a - 12) = c+b - 3d$$
$$x = \frac{c+b-3d}{3(a-4)}.$$

Problèmes sur les équations du 1er degré à une inconnue.

85. Quel est le nombre dont le $\frac{1}{3}$ et le $\frac{1}{4}$ font 35 ?

Solution.

Si nous représentons ce nombre par x, nous aurons

$$\frac{x}{3} + \frac{x}{4} = 35$$
$$4x + 3x = 35 \times 12$$
$$7x = 35 \times 12$$
$$x = \frac{35 \times 12}{7} = 60.$$

Le tiers de 60 est 20 et le quart, 15 : 20 + 15 = 35.

86. Quel nombre donne 19 pour quotient, lorsqu'on le divise par 6 ?

Solution.

En appelant x ce nombre, on a

$$\frac{x}{6} = 19$$
$$x = 19 \times 6$$
$$x = 114.$$
$$\frac{114}{6} = 19.$$

87. On demande deux nombres dont la différence soit 38 et la somme 487 ?

Solution.

Si l'un des nombres est x, l'autre sera $487 - x$: on aura par conséquent

$$487 - x - x = 38$$
$$487 - 2x = 38$$
$$2x = 487 - 38$$
$$2x = 449$$
$$x = \frac{449}{2} = 224,5.$$

Le plus petit nombre est 224.5 et le plus grand 224.5 + 38 = 262.5. La somme de ces deux nombres est bien 487 et leur différence 38.

88. Quel est le nombre dont le $\frac{1}{3}$, le $\frac{1}{4}$ et le $\frac{1}{5}$ font 47?

Solution.

En représentant le nombre demandé par x, l'énoncé du problème fournira l'équation

$$\frac{x}{3} + \frac{x}{4} + \frac{x}{5} = 47$$

$$\frac{20x}{60} + \frac{15x}{60} + \frac{12x}{60} = 47$$

$$20x + 15x + 12x = 47 \times 60$$

$$47x = 47 \times 60$$

$$x = 60.$$

89. On demande un nombre tel qu'en l'augmentant de 48, on obtienne pour somme deux fois ce nombre moins 3.

Solution.

Si l'on représente ce nombre par x, on aura l'équation

$$x + 48 = 2x - 3$$

$$2x - 3 = x + 48$$

$$2x - x = 48 + 3$$

$$x = 51.$$

90. Quel est le nombre qui augmenté de son $\frac{1}{4}$ donne 60?

Solution.

Appelant x ce nombre, on a

$$x + \frac{x}{4} = 60$$

$$4x + x = 240$$

$$5x = 240$$

$$x = 48.$$

91. Partager le nombre 525 en deux parties, de manière qu'en divisant l'une par 25 et l'autre par 30, on trouve 20 pour la somme des quotients.

Solution.

Si nous représentons l'une des parties par x, l'autre sera 525 − x; d'où l'équation

$$\frac{x}{25} + \frac{525 - x}{30} = 20;$$

en prenant 150 pour dénominateur commun, il vient

$$\frac{6x}{150} + \frac{2625 - 5x}{150} = 20$$

$$6x + 2625 - 5x = 20 \times 150 = 3000$$

$$x = 3000 - 2625 = 375.$$

L'une des parties étant 375, l'autre sera 525 — 375 = 150; en effet,

$$\frac{375}{25} + \frac{150}{30} = 20.$$

92. Trois personnes doivent se partager 7580 francs ; on demande la portion de chacune, sachant que la seconde aura le double de la première moins 500 fr., et la troisième la moitié de la somme des deux premières plus 50 francs.

Solution.

La portion de la première étant x, celle de la seconde sera $2x - 500$, et comme la troisième doit avoir la moitié des deux premières plus 50 francs, sa portion sera $\dfrac{x + 2x - 500}{2} + 50$; mais les trois personnes doivent avoir ensemble 7580 fr. : de là l'équation

$$x + 2x - 500 + \frac{x + 2x - 500}{2} + 50 = 7580$$

$$3x + \frac{3x - 500}{2} = 7580 + 500 - 50$$

$$3x + \frac{3x - 500}{2} = 8030$$

$$6x + 3x - 500 = 16060$$

$$9x = 16560$$

$$x = 1840.$$

La 1re personne aura 1840 fr.,
la 2e — 3180 fr.,
la 3e — 2560 fr.

93. Partager 9936 proportionnellement aux nombres 5, 7 et 12.

Solution.

Si nous appelons x le premier nombre, le second sera $\dfrac{7x}{5}$ et le troisième $\dfrac{12x}{5}$. Les quantités x, $\dfrac{7x}{5}$ et $\dfrac{12x}{5}$ sont bien entre elles comme les nombres 5, 7 et 12, car, en les multipliant chacune par 5, on a 5x, 7x et 12x. La somme des trois nombres égalant 9936, il vient

$$x + \frac{7x}{5} + \frac{12x}{5} = 9936$$
$$5x + 7x + 12x = 9936 \times 5$$
$$24x = 49680$$
$$x = 2070$$

Le premier nombre étant 2070, le second sera $7 \times \dfrac{2070}{5} = 2898$ et le troisième $12 \times \dfrac{2070}{5} = 4968.$

$$2070 + 2898 + 4968 = 9936.$$

94. Partager entre quatre personnes la somme de 9246 francs, de manière que, quand la première prendra 2 fr., la deuxième en prendra 3; quand celle-ci en prendra 5, la troisième en prendra 6; et enfin, quand la quatrième aura 4, la troisième aura 3.

Solution.

Les quatre portions étant x, y, z et t, on a

$$x + y + z + t = 9246.$$

Il est si facile de déterminer les trois dernières inconnues en fonction de la première qu'il n'y en a réellement qu'une. L'énoncé du problème donne en effet :

$$\frac{x}{y} = \frac{2}{3}$$
$$\frac{y}{z} = \frac{5}{6}$$
$$\frac{t}{z} = \frac{4}{3};$$

d'où,

$$y = \frac{3x}{2}$$
$$z = \frac{6y}{5}, \quad t = \frac{6}{5} \times \frac{3x}{2} = \frac{9x}{5}$$
$$t = \frac{4z}{3}, \quad t = \frac{4}{3} \times \frac{9x}{5} = \frac{12x}{5}.$$

Comme on a $y = \frac{3x}{2}$, $z = \frac{9x}{5}$ et $t = \frac{12x}{5}$, en portant ces valeurs dans la première équation il vient

$$x + \frac{3x}{2} + \frac{9x}{5} + \frac{12x}{5} = 9246.$$

Si nous prenons 10 pour dénominateur commun, on aura

$$10x + 15x + 18x + 24x = 92460$$
$$67x = 92460$$
$$x = 1380.$$

la première personne ayant 1380 fr.,

la seconde aura $\dfrac{3 \times 1380}{2} = 2070$,

la 3e $\dfrac{9 \times 1380}{5} = 2484$,

la 4e $12 \times 1380 = 3312$.

On aurait pu résoudre ce problème en employant seulement une inconnue, mais la méthode que nous avons suivie est plus facile à comprendre.

95 Un domestique gagne 300 francs par an, et reçoit une certaine somme en gratification : on demande cette somme, sachant que 10 mois après son entrée en maison il a droit à 240 francs et à la gratification entière.

Solution.

Appelant x la gratification, le domestique gagne par an $300 + x$, et par mois $\dfrac{300 + x}{12}$; mais 10 mois après son entrée en maison il a 240 fr. plus la gratification, ou $240 + x$: ce qui fait par mois $\dfrac{240 + x}{10}$. De ces deux expressions du gain d'un mois, on tire l'équation

$$\frac{300 + x}{12} = \frac{240 + x}{10}$$
$$3000 + 10x = 2880 + 12x$$
$$x = 60.$$

La gratification est de 60 fr., ce qu'on peut facilement vérifier :

$$\frac{300 + 60}{12} = \frac{240 + 60}{10}$$

96 Un homme en mourant donne 4000 francs aux pauvres, le $\frac{1}{5}$ de sa fortune est employé à la construction d'une salle d'asile, $\frac{1}{6}$ doit servir à fonder un bureau de bienfaisance, et enfin $\frac{4}{7}$ sont destinés à deux cousins. On demande : 1° la fortune de cet homme; 2° ce qui sera employé à la salle d'asile; 3° ce qu'il y aura pour le bureau de bienfaisance; 4° la portion de chaque cousin.

Solution.

Si nous nommons x le bien du défunt, l'énoncé du problème fournira l'équation

$$4000 + \frac{x}{5} + \frac{x}{6} + \frac{4x}{7} = x$$
$$210 \times 4000 + 42x + 35x + 120x = 210x$$
$$197x = 210x = 840000$$
$$x = 64615\,\frac{5}{13}.$$

Cet homme laisse en mourant 64615 fr. $\frac{5}{13}$: il donne 4000 **fr.** aux pauvres, 12923 fr. $\frac{1}{13}$ pour la salle d'asile, 10769 fr. $\frac{3}{13}$ pour le bureau de bienfaisance, et a chaque cousin 18461 fr. $\frac{7}{13}$.

97. Partager 1320 francs entre trois personnes, de manière que la deuxième ait les $\frac{5}{6}$ de la première, et que la troisième ait les $\frac{4}{5}$ de ce qu'auront les deux premières ensemble.

Solution.

La portion de la première personne étant x, celle de la seconde sera $\frac{5x}{6}$, et celle de la troisième les $\frac{4}{5}$ de $x + \frac{5x}{6}$, ou $\frac{4x}{5} + \frac{4x}{6}$; mais les trois personnes ont en tout 1320 fr., donc

$$x + \frac{5x}{6} + \frac{4x}{5} + \frac{4x}{6} = 1320$$
$$30x + 25x + 24x + 20x = 1320 \times 30$$
$$99x = 39600$$
$$x = 400.$$

la 1re ayant 400 fr.
la 2e aura 333 fr. $\frac{1}{3}$
la 3e — 586 fr. $\frac{2}{3}$

98. La distance de Paris à Lyon est de 512 kilomètres. Un train express part de Paris une heure avant un autre train express qui part de Lyon. Le train partant de Paris fait 60 kilomètres par heure et celui qui part de Lyon 53 : on demande à quelle distance de cette dernière ville ces deux trains se rencontreront, et le nombre de kilomètres **que chacun d'eux parcourra.**

Solution.

Puisque le train de Paris part une heure avant celui de Lyon, quand celui-ci se met en marche, la distance qui les sépare n'est plus que de $512 - 60 = 452$ kil. Cela étant posé, appelons x le nombre d'heures que les trains mettront avant de se rencontrer. Celui qui vient de Paris fera en x heures x fois 60 kil., ou $60x$, et celui de Lyon x fois 53 kilomètres, ou $53x$; mais la somme des nombres de kilomètres parcourus par les deux trains égale 452, donc

$$60x + 53x = 452$$
$$113x = 452$$
$$x = 4.$$

C'est 4 heures après le départ du train de Lyon que la rencontre aura lieu : par conséquent celui de Paris aura fait 60 kil. $\times$ 4 fois 60 kil., ou 300 kil., et celui de Lyon 4 fois 53 kil., ou **242 kil.**

$$300 + 212 = 512.$$

99. Trois héritiers ont à se partager une certaine somme : le premier a le $\frac{1}{3}$ de la somme, le deuxième les $\frac{5}{8}$ du premier plus 200 francs, le troisième a les $\frac{3}{4}$ du deuxième plus 1000 francs; enfin, 16775 francs ont été donnés pour la réparation d'une église et d'une école. On demande la somme laissée par le défunt et la portion de chaque héritier.

Solution.

Soit x la somme à partager. Le premier, devant avoir le $\frac{1}{3}$, aura $\frac{x}{3}$; comme le second doit avoir les $\frac{5}{8}$ du premier plus 200 fr., sa portion sera $\frac{x}{3} \times \frac{5}{8} + 200 = \frac{5x}{24} + 200$, le troisième aura $\left(\frac{5x}{24} + 200\right) \times \frac{3}{4} + 1000 = \frac{5x}{32} + 150 + 1000 = \frac{5x}{32} + 1150$. Si aux trois portions on ajoute 16775, on aura la somme à partager, donc

$$\frac{x}{3} + \frac{5x}{24} + 200 + \frac{5x}{32} + 1150 + 16775 = x$$

$$\frac{x}{3} + \frac{5x}{24} + \frac{5x}{32} + 18125 = x$$

$$\frac{32x}{96} + \frac{20x}{96} + \frac{15x}{96} + 18125 = x$$

$$32x + 20x + 15x + 18125 \times 96 = 96x$$
$$67x - 96x = -18125 \times 96$$
$$29x = 18125 \times 96$$
$$x = 60000.$$

Le défunt a laissé 60000 fr.,
le 1ᵉʳ héritier a eu 20000 fr.,
le 2ᵉ   —   12700 fr.,
le 3ᵉ   —   10525 fr.

Ces trois sommes réunies à 16775 fr. font bien 60000 fr

Exercices sur la résolution des équations à plusieurs inconnues.

100.
$$4x - 5y = 2.$$
$$5x + 3y = 21.$$

Solution

$$4x - 5y = 2$$
$$5x + 3y = 21$$
$$x = \frac{2 + 5y}{4}$$

$$5\left(\frac{2 + 5y}{4}\right) + 3y = 21.$$
$$10 + 25y + 12y = 84$$
$$37y = 74$$
$$y = 2$$
$$4x - 5 \times 2 = 2$$
$$4x = 12 \qquad x = 3,$$
$$x = 3. \qquad y = 2.$$

101.
$$2x + 4y - 3 = 5$$
$$7x - 2y + 4 = 16.$$

Solution.

$$2x + 4y - 3 = 5$$
$$7x - 2y - 1 = 16.$$
$$2x + 4y = 8$$
$$x + 2y = 4$$
$$7x - 2y = 12$$
$$8x = 16$$
$$x = 2$$
$$2 \cdot 2 + 4y = 5 \qquad 3 + 5$$
$$4 + 4y = 8 \qquad x = 2,$$
$$y = 1 \qquad y = 1.$$

102.
$$\frac{5x - 2}{6} + 3y = 12.$$
$$\frac{7x}{4} + y - \tfrac{1}{2} = 9,5.$$

Solution.

$$\frac{5x - 2}{6} + 3y = 12 \qquad\qquad 5x - 2 + 18y = 72$$

$$\frac{7x}{4} + y - \tfrac{1}{2} = 9,5 \qquad\qquad 7x + 4y - 2 = 38$$

$$5x + 18y = 74 \qquad\qquad x = \frac{74 - 18y}{5}$$

$$7x + 4y = 40 \qquad\qquad x = \frac{40 - 4y}{7}$$

$$\frac{74 - 18y}{5} = \frac{40 - 4y}{7}$$

$$518 - 126y = 200 - 20y$$
$$106y = 318$$
$$y = 3. \qquad\qquad x = 4,$$

$$x = \frac{40 - 4 \times 3}{7} = 4. \qquad\qquad y = 3.$$

103.
$$ax + by = c,$$
$$dx + ey = f.$$

Solution.

$$ax + by = c$$
$$dx + ey = f \qquad\qquad x = \frac{f - ey}{d} = \frac{f}{d} - \frac{ey}{d}$$

$$a\frac{f}{d} - \frac{aey}{d} + by = c$$

$$af - aey + bdy = cd$$
$$bdy - aey = cd - af$$
$$y = \frac{cd - af}{bd - ae}$$
$$x = \frac{f}{d} - \frac{ey}{d} = \frac{f}{d} - \frac{e}{d}\left(\frac{cd - af}{bd - ae}\right)$$
$$x = \frac{f}{d} - \frac{cde - aef}{bd^2 - ade}$$
$$x = \frac{f}{d}\left(\frac{bd^2 - ade}{bd^2 - ade}\right) - \frac{cde - aef}{bd^2 - ade}$$
$$x = \frac{bdf - aef}{bd^2 - ade} - \frac{cde - aef}{bd^2 - ade} = \frac{bdf - cde}{bd^2 - ade}$$
$$x = \frac{bdf - cde}{bd^2 - ade} \qquad y = \frac{cd - af}{bd - ae}$$
$$x = \frac{bf - ce}{bd - ae} \qquad x = \frac{bf - ce}{bd - ae}$$

En changeant les signes des termes de chaque fraction, il vient

$$x = \frac{ce - bf}{ae - bd}$$
$$y = \frac{af - cd}{ae - bd}$$

104.
$$2x + 3y - z = 5.$$
$$5x - 4y + 2z = 3.$$
$$7x - y + 3z = 14.$$

Solution.

$$(1)\quad 2x + 3y - z = 5 \qquad 4x + 6y - 2z = 10$$
$$(2)\quad 5x - 4y + 2z = 3 \qquad 5x - 4y + 2z = 3.$$
$$(3)\quad 7x - y + 3z = 14. \qquad 9x + 2y = 13$$

Il viendra, en multipliant les termes de l'équation (1) par 3 et en additionnant avec l'équation (3),

$$13x + 8y = 29 \qquad 13x + 8y = 29$$
$$9x + 2y = 13 \qquad 36x + 8y = 52$$
$$23x = 23$$
$$x = 1$$

$$9 \times 1 + 2y = 13$$
$$y = 2.$$
$$2 + 3 \times 2 - z = 5 \qquad x = 1,$$
$$-z = -3 \qquad y = 2,$$
$$z = 3. \qquad z = 3.$$

105.
$$x + y + z = 6.$$
$$x - y + z = 2.$$
$$x + y - z = 4.$$

Solution.

$$x + y + z = 6$$
$$x - y + z = 2$$
$$x + y - z = 4.$$

$$x - y + z = 2$$
$$x + y - z = 4$$
$$2x = 6$$
$$x = 3.$$

$$3 + y + 1 = 6$$
$$y = 2.$$

$$x + y + z = 6$$
$$x - y + z = 2$$
$$2x + 2z = 8.$$

$$2 \times 3 + 2z = 8$$
$$z = 1.$$

$$x = 3,$$
$$y = 2,$$
$$z = 1.$$

106.
$$x + y = a.$$
$$y + z = b.$$
$$x + z = c.$$

Solution.

$$x + y = a \qquad x = a - y$$
$$y + z = b$$
$$x + z = c. \qquad a - y + z = c \qquad -y + z = c - a$$

$$y + z = b$$
$$-y + z = c - a$$
$$2z = b + c - a$$
$$z = \frac{b + c - a}{2}.$$

$$y + \frac{b + c - a}{2} = b$$
$$2y + b + c - a = 2b$$
$$2y = b + a - c$$
$$y = \frac{a + b - c}{2}.$$

$$x + \frac{b + c - a}{2} = c$$
$$2x + b + c - a = 2c$$
$$2x = c + a - b$$
$$x = \frac{a + c - b}{2}.$$

$$x = \frac{a + c - b}{2},$$
$$y = \frac{a + b - c}{2},$$
$$z = \frac{b + c - a}{2}.$$

107.

$$y + z + t + u = 10.$$
$$y - z - 2t + 3u = 11.$$
$$x + 3z - 2u = 3.$$
$$4z - u = 4$$
$$x - u = 1.$$

Solution.

$$y + z + t + u = 10$$
$$y - z - 2t + 3u = 11$$
$$x + 3z - 2u = 3$$
$$4z - u = 4$$
$$x - u = 1.$$

$$x + 3 \cdot \frac{4 + u}{4} - 2u = 3$$
$$4x + 12 + 3u - 8u = 12$$
$$4x - 5u = 0$$
$$x - u = 1.$$
$$4x - 5u = 0$$
$$4x - 4u = 4$$
$$\overline{\qquad - u = -4}$$
$$u = 4.$$
$$x - 4 = 1$$
$$x = 5.$$
$$z = \frac{4 + u}{4} = \frac{4 + 4}{4} = 2.$$
$$3 + 2 + t + 4 = 10$$
$$t = 1.$$

$$2y + 2z + 2t + 2u = 20$$
$$y - z - 2t + 3u = 11$$
$$3y + z \qquad + 5u = 31$$
$$z = \frac{4 + u}{4}$$

$$3y + \frac{4 + u}{4} + 5u = 31$$
$$12y + 4 + u + 20u = 124$$
$$12y + 21u = 120.$$

$$12y + 21 \times 4 = 120$$
$$12y = 36$$
$$y = 3.$$

$$x = 5,$$
$$y = 3,$$
$$z = 2,$$
$$t = 1,$$
$$u = 4.$$

Problèmes sur les équations du 1er degré à plusieurs inconnues.

108. Un négociant a acheté une première fois 75 doubles décalitres de blé et 32 d'orge pour 364 francs; une seconde fois 100 doubles de blé et 80 d'orge pour 560 francs : on demande le prix du double de blé et d'orge.

Solution.

Si nous appelons x le prix du double de blé et y celui du double

2.

d'orge, l'énoncé du problème fournira les deux équations suivantes

$$75x + 32y = 364$$
$$100x + 80y = 560, \qquad 10x + 8y = 56$$
$$75x + 32y = 364$$
$$40x + 32y = 224$$
$$\overline{\qquad\qquad}$$
$$35x = 140$$
$$x = 4. \qquad 10 \times 4 + 8y = 56$$
$$8y = 16$$
$$y = 2.$$

Le blé coûte 4 fr. le double et l'orge 2 fr.

109. Deux capitaux rapportent ensemble 5400 francs
par an ; l'un est placé à 5 pour 0/0, et l'autre à 3 : on
demande quels sont ces deux capitaux, sachant d'ailleurs que le premier rapporte 345 francs de plus que le
second.

Solution.

Nommons x et y les deux capitaux demandés. Le premier, placé
à 5 0/0 rapportera $\dfrac{5x}{100}$ par an, et le second, placé à 3 0/0, pro-

duira dans le même temps $\dfrac{3y}{100}$, de là l'équation

$$\frac{5x}{100} + \frac{3y}{100} = 5400.$$

La différence des intérêts étant 345 fr., on a encore l'équation

$$\frac{5x}{100} - \frac{3y}{100} = 345.$$

$$\frac{5x}{100} + \frac{3y}{100} = 5400 \qquad 5x + 3y = 540000$$

$$\frac{5x}{100} - \frac{3y}{100} = 345. \qquad 5x - 3y = 34500.$$

$$5x + 3y = 540000$$
$$5x - 3y = 34500$$
$$\overline{\qquad\qquad}$$
$$10x = 574500$$
$$x = 57450, \qquad 5 \times 57450 - 3y = 34500$$
$$3y = 287250 - 34500$$
$$y = 84250.$$

Le capital placé à 5 0/0 est 57450 fr., et celui placé à 3 est
84250 fr.

110 Quel est le nombre composé de dizaines et d'unités dont la somme des chiffres est 7? On sait du reste qu'en intervertissant l'ordre de ses dizaines et de ses unités, on obtient un nouveau nombre qui égale trois fois le premier, augmenté de 13.

Solution.

Si nous appelons x les dizaines de ce nombre et y ses unités, nous aurons, en considérant les chiffres avec leur valeur absolue,

$$x + y = 7.$$

En changeant l'ordre des chiffres du nombre, les unités vaudront 10 fois plus, et il viendra pour le second nombre $10y + x$. Le premier étant $10x + y$, on obtiendra encore l'équation

$$10y + x = 3(10x + y) + 13.$$
$$x + y = 7 \qquad y = 7 - x$$
$$10y + x = 3(10x + y) + 13.$$
$$10(7 - x) + x = 3(10x + 7 - x) + 13$$
$$70 - 10x + x = 30x + 21 - 3x + 13$$
$$-9x = 27x + 34 - 70$$
$$x = 1.$$
$$1 + y = 7$$
$$y = 6.$$

Le chiffre des dizaines est 1, celui des unités 6 ; 16 est par conséquent le nombre demandé. On peut facilement vérifier.

111. On demande trois nombres tels que la somme du premier et du deuxième soit 44, celle du premier et du troisième 39, et celle des deux derniers 43.

Solution.

Si nous désignons par x, y et z les nombres dont il s'agit, l'énoncé du problème fournira les trois équations suivantes

$$x + y = 44 \qquad\qquad x + y = 44$$
$$x + z = 39 \qquad\qquad x + z = 39$$
$$y + z = 43. \qquad\qquad y - z = 5.$$

$$y + z = 43$$
$$y - z = 5$$
$$2y = 48$$
$$y = 24.$$
$$x + 24 = 44$$
$$x = 20.$$
$$20 + z = 39$$
$$z = 19.$$

Les trois nombres sont 20, 24 et 19.

112 Trois enfants ont chacun un certain nombre de billes; si le premier et le deuxième mélangent les leurs, ils en auront ensemble 55, si le premier ajoute les siennes à celles du troisième, ils en auront 45; enfin, si le deuxième et le troisième ajoutent les leurs, ils en auront 60 : quelle est la quantité de billes que possède chaque enfant?

Solution.

Appelant x, y et z les billes que possède chaque enfant, on a les trois équations

$$
\begin{aligned}
x + y &= 55 \\
x + z &= 45 \\
y + z &= 60.
\end{aligned}
\qquad
\begin{aligned}
x + y &= 55 \\
x + z &= 45 \\
\hline
y - z &= 10.
\end{aligned}
$$

$$
\begin{aligned}
y + z &= 60 \\
y - z &= 10 \\
\hline
2y &= 70 \\
y &= 35.
\end{aligned}
$$

Le premier enfant a 20 billes, le deuxième 35, et le troisième 25.

Exercices sur les équations du second degré.

113.
$$\left(3x + \frac{1}{4}\right)\left(3x - \frac{1}{4}\right) = 80{,}9375.$$

Solution.

$$\left(3x + \frac{1}{4}\right)\left(3x - \frac{1}{4}\right) = 80{,}9375.$$

Quand on multiplie la somme de deux quantités par leur différence, on obtient pour résultat la différence de leurs carrés, donc

$$\left(3x + \frac{1}{4}\right)\left(3x - \frac{1}{4}\right) = 80{,}9375 = 9x^2 - \frac{1}{16}$$

$$9x^2 - \frac{1}{16} = 80{,}9375$$

$$9x^2 = 80{,}9375 + 0{,}0625 = 81$$
$$x^2 = 9$$
$$x = \pm 3$$
$$x' = +3$$
$$x'' = -3.$$

114. $\qquad (6 + 2x)(6 - 2x) = 0.$

Solution.

$$(6 + 2x)(6 - 2x) = 0 = 36 - 4x^2 \quad \text{(Exercice précédent.)}$$
$$36 - 4x^2 = 0$$
$$4x^2 = 36$$
$$x^2 = 9$$
$$x = \pm 3$$
$$x' = +3$$
$$x'' = -3.$$

115. $\qquad \left(x - \dfrac{a}{c}\right)\left(x + \dfrac{a}{c}\right) = b.$

Solution.

$$\left(x - \dfrac{a}{c}\right)\left(x + \dfrac{a}{c}\right) = b = x^2 - \dfrac{a^2}{c^2} \quad \text{(Exercice 113.)}$$
$$x^2 - \dfrac{a^2}{c^2} = b$$
$$c^2 x^2 = a^2 - bc^2$$
$$c^2 x^2 = bc^2 + a^2$$
$$x^2 = \dfrac{bc^2 + a^2}{c^2}$$
$$x = \pm \sqrt{\dfrac{bc^2 + a^2}{c^2}} = \pm \dfrac{\sqrt{bc^2 + a^2}}{c}.$$
$$x' = + \dfrac{\sqrt{bc^2 + a^2}}{c}$$
$$x'' = - \dfrac{\sqrt{bc^2 + a^2}}{c}.$$

116. $\qquad 3x^2 - x = 0.$

Solution.

$$3x^2 - x = 0 = x(3x - 1)$$
$$x(3x - 1) = 0.$$

Pour qu'un produit soit nul, il faut que l'un des facteurs soit nul ; donc on aura

$$x = 0, \text{ ou } 3x - 1 = 0.$$

Cette équation donne

$$3x = 1$$
$$x = \frac{1}{3}.$$
$$x' = 0,$$
$$x'' = \frac{1}{3}.$$

117. $\qquad \dfrac{8x^2}{3} = 7x.$

Solution.

$$\frac{8x^2}{3} = 7x, \quad 8x^2 = 21x, \quad 8x^2 - 21x = 0.$$

$$8x^2 - 21x = 0$$
$$x(8x - 21) = 0.$$

(Exercice 116.)
$$x = 0$$
$$8x - 21 = 0$$
$$8x = 21 \qquad\qquad x' = 0,$$
$$x = \frac{21}{8} = 2.625, \qquad x'' = 2.625.$$

118. $\qquad \dfrac{ax^2}{b} = cx.$

Solution.

$$\frac{ax^2}{b} = cx, \quad ax^2 = bcx, \quad ax^2 - bcx = 0.$$

$$ax^2 - bcx = 0$$
$$x(ax - bc) = 0$$

(Exercice 116.)
$$x = 0, \quad ax - bc = 0$$
$$ax = bc \qquad\qquad x' = 0,$$
$$x = \frac{bc}{a}. \qquad\qquad x'' = \frac{bc}{a}.$$

119 $\qquad \dfrac{x + 3.75}{x} - x = 2x.$

Solution.

$$x + 3,75 \qquad x - 2x$$
$$x + 3,75 \qquad x^2 = 2x^2$$
$$3x^2 - x \quad 3,75$$

$$x = \frac{4 + \sqrt{46} + 1}{6} \qquad x' = \frac{1 + \sqrt{46}}{6},$$

$$x = \frac{4 + \sqrt{46}}{6}, \qquad x'' = \frac{4 - \sqrt{46}}{6}.$$

120.
$$\frac{2x^2 - x}{3x} - \frac{5x - 1}{6} + \frac{5x - 1}{2} + 7 = \frac{8x - 6}{9} + 12.$$

Solution.

$$\frac{2x^2}{3x} - \frac{x}{6} + \frac{5x - 1}{2} + 7 = \frac{8x}{9} - \frac{6}{9} + 12.$$

On peut multiplier tous les termes par le produit des trois dénominateurs, ou, pour abréger les calculs, prendre $9x - 18$ pour dénominateur commun : alors, on a

$$\frac{2x^2 - x3}{(3x - 6)3} + \frac{5x - 1)4x - 9}{2(4,5x - 9)} + 7 = \frac{(8x - 6)x - 2)}{9(x - 2)} + 12$$

$$6x^2 - 3x + 22,5x^2 - 19,5x + 9 + 7(9x - 18) = 8x^2 - 22x + 12 + 12(9x - 18)$$

$$20,5x^2 - 26x - 37,5$$

$$x = \frac{26 + \sqrt{3075 + 676}}{41}$$

$$x' = \frac{26 + \sqrt{3751}}{41},$$

$$x'' = \frac{26 - \sqrt{3751}}{41}.$$

121.
$$\frac{ax^2 - bx^2}{a^2 - b^2} + x = c - d.$$

Solution.

$$\frac{ax^2 - bx^2}{a^2 - b^2} + x = c - d$$

$$\frac{x^2(a - b)}{(a + b)(a - b)} + x = c - d$$

$$\frac{x^2}{a + b} + x = c - d$$

$$x^2 + (a + b) x - c - d (a + b)$$

$$x = -\frac{a+b}{2} \pm \sqrt{(c-d)(a+b) + \frac{(a+b)^2}{4}}$$

$$x = -\frac{a+b}{2} \pm \frac{\sqrt{4(c-d)(a+b) + (a+b)^2}}{2}$$

$$x = \frac{-(a+b) \pm \sqrt{4(c-d)(a+b) + (a+b)^2}}{2}$$

$$x' = \frac{-(a+b) + \sqrt{4(c-d)(a+b) + (a+b)^2}}{2},$$

$$x'' = \frac{-(a+b) - \sqrt{4(c-d)(a+b) + (a+b)^2}}{2}$$

Problèmes sur les équations du second degré.

122. On demande deux nombres tels qu'on obtienne 81 en augmentant la somme de leurs carrés du double de leur produit, et 1 si l'on diminue la même somme du même produit.

Solution.

Appelant x et y les nombres demandés, on a

$$x^2 + y^2 + 2xy = 81$$
$$x^2 + y^2 - 2xy = 1.$$
$$\sqrt{x^2 + y^2 + 2xy} = \sqrt{81}, \quad x + y = 9$$
$$\sqrt{x^2 + y^2 - 2xy} = \sqrt{1}, \quad x - y = 1.$$
$$x + y = 9$$
$$\underline{x - y = 1}$$
$$2x = 10 \qquad\qquad 5 + y = 9,$$
$$x = 5. \qquad\qquad\quad y = 4.$$

Les nombres sont 5 et 4.

123. Un marchand a vendu de deux espèces de drap à des prix différents : il reçit 135 fr. pour la vente de la première espèce, et 72 pour 3 mètres de moins de la seconde; s'il eût vendu 1^m,80 de moins de la première espèce et 3 mètres de plus de la seconde, il aurait reçu la même somme. On demande combien ce marchand a vendu de mètres de chaque espèce et le prix dans les deux cas.

Solution.

Désignons par x le nombre de mètres de drap de la première espèce : le prix du mètre sera $\dfrac{135}{x}$, et dans le second cas, le nombre de mètres étant $x - 3$, le prix sera $\dfrac{72}{x - 3}$. Si le marchand avait vendu $1^m,80$ de moins de la première espèce, il en aurait vendu $x - 1,80$; 3 mètres de plus de la seconde espèce auraient donné une vente de $x - 3 + 3 = x$. Le prix d'un mètre de la première espèce étant $\dfrac{135}{x}$ et le prix d'un mètre de la seconde $\dfrac{72}{x - 3}$, on aura, d'après l'énoncé du problème, l'équation

$$\frac{135\,(x - 1,8)}{x} = \frac{72x}{x - 3}$$

$$\frac{15\,(x - 1,8)}{x} = \frac{8x}{x - 3}$$

$$\frac{15x - 27}{x} = \frac{8x}{x - 3}$$

$$15x^2 - 72x + 81 = 8x^2$$

$$7x^2 - 72x = -81$$

$$x = \frac{72 \pm \sqrt{2916}}{14} = 9.$$

Le marchand a vendu 9 mètres de drap à 15 fr. et 6 mètres à 12 fr.

124 La somme de deux nombres est 13, et la différence de leurs racines carrées 1 : on demande ces deux nombres.

Solution.

Les nombres demandés étant x et y, on a

$$x + y = 13$$

$$\sqrt{x} - \sqrt{y} = 1, \quad \sqrt{x} = 1 + \sqrt{y},$$

$$x = 1 + 2\sqrt{y} + y.$$

$$1 + 2\sqrt{y} + y + y = 13$$

$$2\sqrt{y} + 2y = 12$$

$$\sqrt{y} + y = 6$$

$$\sqrt{y} = 6 - y$$

$$y = 36 - 12y + y^2$$

$$y^2 - 13y = -36$$

$$y = \frac{13}{2} \pm \sqrt{\frac{169 - 144}{4}}$$

$$y = \frac{13}{2} \pm \frac{5}{2} ;$$

$$y' = 9,$$

$$y'' = 4.$$

Les nombres cherchés sont 9 et 4.

Exercices et problèmes sur les proportions et les progressions.

Trouver la valeur de x dans ces deux équidifférences :

125. $x \,.\, 9 : 15 \,.\, 11.$

Solution.

$$x \,.\, 9 : 15 \,.\, 11$$

$$x + 11 = 9 + 15$$

$$x = 13.$$

126. $12 \,.\, x : 7 \,.\, 25.$

Solution.

$$12 \,.\, x : 7 \,.\, 25$$

$$x + 7 = 25 + 12$$

$$x = 30.$$

127. Chercher une moyenne arithmétique entre 19 et 27.

Solution.

$$19 \,.\, x : x \,.\, 27$$

$$2x = 27 + 19$$

$$2x = 46$$

$$x = 23.$$

128. Quelle est la valeur de la moyenne arithmétique entre a et b?

Solution.

$$a : x :: x : b$$
$$2x = a + b$$
$$x = \frac{a + b}{2}$$

On a
$$a : \frac{a+b}{2} :: \frac{a+b}{2} : b.$$

Calculer la valeur de x dans les proportions suivantes

129.
$$x : 9 :: 4 : 5.$$

Solution.

$$x : 9 :: 4 : 5$$
$$5x = 36$$
$$x = \frac{36}{5} = 7,2.$$

130.
$$15 : x :: 7 : 8.$$

Solution.

$$15 : x :: 7 : 8$$
$$7x = 120$$
$$x = \frac{120}{7} = 17 + \frac{1}{7}$$

131.
$$\frac{9}{11} = \frac{17}{x}.$$

Solution.

$$\frac{9}{11} = \frac{17}{x}$$
$$9x = 17 \times 11 = 187$$
$$x = \frac{187}{9} = 20 + \frac{7}{9}.$$

132. Quelle est la moyenne géométrique entre 9 et 4?

Solution.

$$9 : x :: x : 4$$
$$x^2 = 36$$
$$x = \pm 6.$$

133. Chercher la moyenne géométrique entre a et b.

Solution.

$$a \quad x$$
$$x \quad b$$
$$x^2 \quad ab$$
$$x = \pm\sqrt{ab}.$$

134. Résoudre l'équation $l = a + (n - 1) r$ par rapport à a.

Solution.

$$l = a + (n - 1) r$$
$$a = l - (n - 1) r.$$

135. Résoudre la même équation par rapport à r.

Solution.

$$l = a + (n - 1) r$$
$$(n - 1) r = l - a$$
$$r = \frac{l - a}{n - 1}.$$

136. Dans la même formule, trouver la valeur de n

Solution.

$$l = a + (n - 1) r$$
$$l = a + nr - r$$
$$n = \frac{l + r - a}{r}.$$

137. Trouver le dernier terme d'une progression arithmétique, sachant que le premier terme est $\frac{1}{2}$ la raison 2 et le nombre des termes 25.

Solution.

Nous nous servirons de la formule $l = a + (n - 1) r$

Dans le problème donné $a = \frac{1}{2}$, $r = 2$ et $n = 25$, donc

$$l = \frac{1}{2} + 24 \times 2$$
$$l = 48,5.$$

138. Chercher le nombre des termes d'une progression arithmétique dont le premier terme est 1, la raison 2 et le dernier 27.

Solution.

En employant toujours la formule $l = a + (n - 1) r$, on a $a = 1, r = 2$ et $l = 27$, donc

$$27 = 1 + (n - 1)2$$
$$27 = 1 + 2n - 2$$
$$27 = 2n - 1$$
$$n = 14.$$

139. Résoudre la formule $S = \dfrac{(a + l) n}{2}$ par rapport à l.

Solution.

$$S = \frac{(a + l)n}{2}$$

$$a + l = \frac{2S}{n}$$

$$l = \frac{2S}{n} - a.$$

140. Résoudre la même formule par rapport à n.

Solution.

$$S = \frac{(a + l)n}{2}$$

$$2S = (a + l)n$$

$$n = \frac{2S}{a + l}$$

141. Une progression arithmétique contient 10 termes : quel est le dernier, si le premier est 5 et la somme 120?

Solution.

Nous emploierons la formule $S = \dfrac{(a + l)n}{2}$.

Dans le problème proposé, on a

$$a = 5, n = 10, S = 120;$$

donc

$$120 = \frac{(5 + l) 10}{2}$$

$$120 = 5 + 10 \cdot 5$$
$$120 = 25 + 5l$$

$$l = \frac{95}{5} = 19.$$

142. Résoudre l'équation $S = \dfrac{lr - a}{r - 1}$ par rapport à r.

Solution.

$$S = \frac{lr - a}{r - 1}$$
$$Sr - S = lr - a$$
$$r = \frac{S - a}{S - l}.$$

143. Tirer la valeur de r, de l'équation $S = \dfrac{a}{1 - r}$

Solution.

$$S = \frac{a}{1 - r}$$
$$S - Sr = a$$
$$Sr - S = -a$$
$$r = \frac{S - a}{S}.$$

144. Une personne économise une première semaine 10 cent., une seconde 20 c., une troisième 30 et ainsi de suite : combien cette personne aura-t-elle au bout de 5 ans?

Solution.

Les économies de cette personne forment une progression arithmétique dont le premier terme est 0,1, la raison 0,1 et le nombre des termes $5 \times 52 = 260$. On déterminera S, ou l'économie de cette personne, à l'aide des équations

$$l = a + (n - 1)r = 0,1 + 259 \times 0,1 = 26$$
$$S = \frac{a + ln}{2} = \frac{(0,1 + 26)}{2} 260 = 26,1 \times 130 = 3393.$$

Cette personne a économisé 3393 fr.

145. Quelle est la somme des termes de la série décroissante

$$+ 1 : \tfrac{1}{3} : \tfrac{1}{9} : \tfrac{1}{27} \ldots \text{etc.}$$

Solution.

Pour trouver la somme demandée, nous nous servirons de la formule

$$S = \frac{a}{1 - r}.$$

Comme $a = 1$ et $r = \frac{1}{3}$, on aura

$$S = \frac{1}{1 - \frac{1}{3}} = \frac{1}{\frac{2}{3}} = 1{,}5.$$

146. Calculer la somme des **10** premiers termes de la progression suivante :

$$\div\, 3 : 6 : 12 \ldots\ldots$$

Solution.

Nous emploierons la formule

$$S = \frac{a\,(r^n - 1)}{r - 1};$$

on a $a = 3,\ r = 2$ et $n = 10,$

par conséquent

$$S = \frac{3\,(2^{10} - 1)}{2 - 1} = \frac{3\,(1024 - 1)}{1} = 3069.$$

147. Trouver le 9e terme d'une progression géométrique, sachant que le 1er est 1 et la raison 3.

Solution.

On a

$$l = ar^{n-1};$$

remplaçant les lettres par leurs valeurs, il vient

$$l = 1 \times 3^{9-1} = 1 \times 3^8 = 3^8 = 6561.$$

148. Chercher le premier et le dernier terme d'une progression arithmétique, sachant que la raison est **2**, le nombre des termes 38 et la somme 1444.

Solution.

$$l = a + (n - 1)\,r$$

$$S = \frac{(a + l)\,n}{2}$$

$$\frac{2S}{n} - a = l,$$

donc

$$\frac{2S}{n} - a = a + (n - 1)r$$

$$2a = \frac{2S}{n} - (n - 1)r$$

$$a = \frac{S}{n} - \frac{(n - 1)r}{2}.$$

Mais $S = 1444$, $n = 38$ et $r = 2$. on a par conséquent

$$a = \frac{1444}{38} - \frac{37 \times 2}{2}$$

$$a = 38 - 37 = 1.$$

Sachant que $a = 1$, on posera

$$l = a + (n - 1)r$$

$$l = 1 + 37 \times 2 = 75.$$

Le premier terme de la progression est 1 et le dernier 75.

149 Un maître donne à un ouvrier 1 centime pour sa première journée, 2 pour sa deuxième, 4 pour sa troisième, et ainsi de suite jusqu'à sa vingtième ; on demande : 1° combien cet ouvrier a gagné en tout ; 2° le prix moyen de sa journée.

Solution.

Les journées de cet ouvrier forment une progression géométrique croissante, dont le nombre des termes est 20, le premier 1 et la raison 2, donc on aura

$$S = \frac{a(r^n - 1)}{r - 1} = \frac{1 \times (2^{20} - 1)}{2 - 1} = (2^{20} - 1) = (1048576 - 1)$$

$$S = 1048575.$$

Le résultat représentant des centimes, on a 10485 fr. 75. Comme l'ouvrier a gagné cette somme en 20 jours, il gagnait

$$\frac{10485,75}{20} \text{ par jour} = 524 \text{ fr. } 2875.$$

Problèmes sur les intérêts composés.

150. Une personne place à 5 0/0 et à intérêts composés une somme de 850 fr. : combien aura-t-elle en tout
dans 8 ans?

Solution.

Nous avons à trouver la valeur de A, dans la formule

$$A = a(1 + r)^n.$$

Dans le problème donné, on a

$$A = 850 \times 1,05^8;$$
$$\log A = \log 850 + 8 \log 1,05$$
$$\log 850 = 2,92942$$
$$8 \log 1,05 = 0,10952$$
$$\log A = 3,09894$$

Ce logarithme répond au nombre 1255,85. Cette personne aura
donc en tout 1255 fr. 85.

151. Une personne a placé à 5 0/0 et à intérêts composés une certaine somme pendant 10 ans, au bout de
ce temps, elle a eu capital et intérêts 733 fr. : on demande la somme placée.

Solution.

Nous avons à trouver a, on a dans la formule

$$A = a(1 + r)^n$$
$$a = \frac{A}{(1 + r)^n}$$
$$a = \frac{733}{1,05^{10}};$$
$$\log a = \log 733 - 10 \log 1,05$$
$$\log 733 = 2,86510$$
$$10 \log 1,05 = 0,21190$$
$$\log a = 2,65320$$

Ce logarithme est celui de 450.

152. Trouver le temps que 450 fr. ont mis pour rapporter à 5 0/0, capital et intérêts composés, la somme de 733 fr.

Solution.

Dans la formule

$$A = a(1 + r)^n,$$

n est l'inconnue, on a

$$\log A = \log a + n \log (1 + r)$$

$$n = \frac{\log A - \log a}{\log (1 + r)}$$

$$n = \frac{\log 733 - \log 450}{\log 1,05}$$

$$n = \frac{2,86510 - 2,65321}{0,02119} = \frac{0,21189}{0,02119}.$$

On trouve 10 ans à peu de chose près.

153. On a placé une somme de 8000 fr. à intérêts composés; après 4 ans on a retiré, capital et intérêts, 9724 fr. 05 : à quel taux cette somme était elle placée?

Solution.

L'inconnue est r, dans la formule

$$A = a(1 + r)^n ;$$

$$\log A = \log a + n \log (1 + r)$$

$$\log (1 + r) = \frac{\log A - \log a}{n}$$

$$\log (1 + r) = \frac{3,98784 - 3,90309}{4} = 0,02119 \text{ environ.}$$

Ce logarithme est celui de 1,05 ; donc $r = 0,05$

La somme était par conséquent placée à 5 0/0.

Problèmes indéterminés.

154. De combien de manières peut-on payer une somme de 102 francs avec des pièces de 1 fr., de 2 fr. et de 5 fr.?

Solution.

Appelons x, y et z les pièces de 1 fr., de 2 fr. et de 5 fr. : nous aurons l'équation

$$x + 2y + 5z = 102$$
$$x = 102 - 2y - 5z.$$

Les quantités x, y et z devant toujours être entières et positives, faisons

$$z = 1\,;$$

nous obtiendrons

$$x = 102 - 2y - 5$$
$$x = 97 - 2y.$$

Pour que x soit positif, il faut qu'on ait $2y < 97$, ou $y < \frac{97}{2}$. Ce qui donnera 48 pour valeur maximum de y. Ainsi l'hypothèse de $z = 1$ donne une série de 48 solutions. La 1re est $z = 1$, $y = 1$ et $x = 95$; la 2e, $z = 1$, $y = 2$ et $x = 93$; la 3e, $z = 1$, $y = 3$ et $x = 91$; la 4e, etc. ; la 48e solution est $z = 1$, $y = 48$ et $x = 1$.

Si maintenant nous faisons $z = 2$, il viendra

$$x = 102 - 2y - 10$$
$$x = 92 - 2y.$$

On doit avoir $2y < 92$, ou $y < 46$; y devant être entier et < 46 ne pourra dépasser 45 : ce qui donne une autre série de 45 solutions. La 1re est $z = 2$, $y = 1$ et $x = 90$; la 2e, $z = 2$, $y = 2$ et $x = 88$; la 3e, etc.

Comme on le voit, à chaque valeur de z répond une nouvelle série de solutions ; le lecteur pourra s'exercer à les chercher ; mais disons que 19 sera la plus grande valeur de z et qu'il y aura par conséquent 19 séries de solutions. Dans l'hypothèse de $z = 19$, il vient

$$x = 102 - 2y - 95$$
$$x = 7 - 2y\,;$$

$2y$ devant être < 7, cette série fournira seulement 3 solutions. On ne peut faire $z = 20$, car on obtiendrait

$$x = 102 - 2y - 100$$
$$x = 2 - 2y.$$

La plus petite valeur que puisse avoir y étant 1, on aurait

$$x = 2 - 2 = 0,$$

ce qui est contraire à l'énoncé du problème, puisqu'on doit prendre des pièces de 1 fr. Les 19 séries, qu'on peut aisément trouver, donnent 480 solutions.

155 Une personne achète 100 pièces de gibier pour

100 fr. : des lièvres à 5 fr., des cailles à 0 fr. 40 et des alouettes à 0 fr. 05 : combien a-t-elle de pièces de chaque espèce ?

Solution.

Désignant par x, y et z le nombre de lièvres, de cailles et d'alouettes, on obtient les deux équations

$$(1) \quad x + y + z = 100$$
$$(2) \quad 5x + 0,40y + 0,05z = 100$$
$$500x + 40y + 5z = 100 \times 100 = 10000$$
$$100x + 8y + z = \frac{10000}{5} = 2000.$$

Éliminant z entre cette dernière équation et la première, on a

$$\begin{array}{r} 100x + 8y + z = 2000 \\ x + y + z = 100 \\ \hline 99x + 7y = 1900 \end{array}$$
$$y = \frac{1900 - 99x}{7}$$
$$y = 271 - 14x + \frac{3 - x}{7}.$$

Il viendra, en faisant $\frac{3 - x}{7} = t$

$$(3) \quad y = 271 - 14x + t;$$

mais de

$$\frac{3 - x}{7} = t,$$

on tire

$$(4) \quad 3 - x = 7t$$
$$x = 3 - 7t.$$

Cette valeur de x dans l'équation (3) donnera

$$y = 271 - 14(3 - 7t) + t$$
$$y = 271 - 42 + 98t + t$$
$$(5) \quad y = 229 + 99t.$$

Pour que x soit positif dans l'équation (4), il faut prendre t négativement (Alg., n° 269), et alors il viendra pour x et y (1).

$$(6) \quad x = 3 - 7 \times -t = 3 + 7t$$
$$(7) \quad y = 229 + 99 \times -t = 229 - 99t.$$

(1) On ne peut faire $t = 0$, car on aurait $x = 3$ et $y = 229$, ce qui est absurde, puisque d'après l'énoncé même du problème, y ne peut égaler 100.

Portant ces valeurs dans l'équation (1), on obtient

$$3 + 7t + 229 - 99t + z = 100$$
$$232 - 92t + z = 100$$
$$z = 100 - 232 + 92t$$
$$(8) \qquad z = 92t - 132.$$

La plus petite valeur de t qui pourra rendre z entier et positif sera 2, car on devra avoir $92t > 132$, ou $t > \frac{132}{92}$; mais, d'un autre côté, équation (7), on a

$$y = 229 - 99t.$$

Dans ce cas, pour que y soit entier et positif, il faut qu'on ait $99t < 229$, ou $t < \frac{229}{99}$, ou encore $t < 3$. Comme on le voit, la seule valeur de t sera 2, puisqu'on doit avoir en même temps $t > 1$ et $t < 3$. Si dans les équations (6), (7) et (8) on porte la valeur de t, il viendra

$$x = 3 + 7 \times 2 = 17$$
$$y = 229 - 99 \times 2 = 31$$
$$z = 92 \times 2 - 132 = 52.$$

Il n'y aura pas d'autre solution que celle qui précède, t ne pouvant avoir qu'une valeur. Ainsi, avec 100 fr. on a 17 lièvres à 5 fr., 31 cailles à 0 fr. 40 et 52 alouettes à 0 fr. 05.

156. **On demandait à un jeune homme combien il avait de noix dans son panier ; il répondit : « J'en ai plus de 100 et moins de 200 ; lorsque je les compte par 7, il m'en reste 2, et, si je les compte par 11, il m'en reste 3. Combien en ai-je ? »**

Solution.

Appelant x le nombre de noix,
y de fois 7,
z de fois 11,

on a les deux équations

$$(1) \qquad x = 7y + 2$$
$$(2) \qquad x = 11z + 3$$

Les deux valeurs de x donnent

$$7y + 2 = 11z + 3$$
$$7y = 11z + 1$$
$$y = \frac{11z + 1}{7} = z + \frac{4z + 1}{7}$$

$$(3)\qquad y = z + t$$

$$\frac{4z + 1}{7} = t$$

$$4z = 7t - 1$$

$$z = \frac{7t - 1}{4} = t + \frac{3t - 1}{4}$$

$$(4)\qquad z = t + u$$

$$\frac{3t - 1}{4} = u$$

$$3t = 4u + 1$$

$$t = \frac{4u + 1}{3} = u + \frac{u + 1}{3}$$

$$(5)\qquad t = u + v$$

$$\frac{u + 1}{3} = v$$

$$(6)\qquad u = 3v - 1.$$

Portant cette valeur de u dans les équations (4) et (5), nous aurons

$$(7)\qquad z = t + 3v - 1$$

$$(8)\qquad t = 3v - 1 + v = 4v - 1.$$

Si dans les équations (3) et (7) nous remplaçons t par sa valeur, nous obtiendrons

$$(9)\qquad y = z + 4v - 1$$

$$(10)\qquad z = 4v - 1 + 3v - 1 = 7v - 2$$

Substitué dans l'équation (9), z donne

$$(11)\qquad y = 7v - 2 + 4v - 1 = 11v - 3.$$

Enfin, si l'on porte la valeur de y dans l'équation (1), il vient

$$x = 7(11v - 3) + 2$$

$$(12)\qquad x = 77v - 19.$$

Pour que x soit entier et positif, il faut, comme on le voit, donner à v une valeur entière et positive ; mais, d'après l'énoncé du problème, on a

$$x > 100 \text{ et } x < 200 ;$$

donc on devra avoir aussi

$$77v - 19 > 100 \text{ et } 77v - 19 < 200.$$

La première hypothèse donne

$$77v > 100 + 19, \text{ ou } v > \frac{119}{77} ;$$

la seconde donne

$$77v < 200 + 19 \text{ ou } v < \frac{219}{77}.$$

L'indéterminée v, devant être > 1 et < 3, sera 2. En substituant cette valeur dans l'équation (2), on obtient

$$x = 77 \times 2 - 19$$
$$x = 154 - 19 = 135.$$

Le jeune homme avait 135 noix.

Ce nombre répond bien à l'énoncé du problème, car il est compris entre 100 et 200 ; en le divisant par 7 il reste 2, et en le divisant par 11, il reste 3.

157. **On a du vin à 0 fr. 50, 0 fr. 60, 0 fr. 30 et 0 fr. 25 ; on veut en faire un mélange de 600 litres qui revienne à 0 fr. 55 le litre : combien faut il en prendre de chaque espèce?**

Solution.

Désignant par x, y, z et t les inconnues de la question, on a les deux équations

$$(1) \quad x + y + z + t = 600$$
$$0{,}50x + 0{,}60y + 0{,}30z + 0{,}25t = 600 \times 0{,}55$$
$$50x + 60y + 30z + 25t = 600 \times 55$$
$$10x + 12y + 6z + 5t = 6600$$
$$5x + 5y + 5z + 5t = 600 \times 5 = 3000$$

Éliminant t entre les deux dernières équations, il vient

$$5x + 7y + z = 3600$$
$$(2) \quad z = 3600 - 5x - 7y.$$

Portant cette valeur de z dans la première équation, on a

$$x + y + 3600 - 5x - 7y + t = 600$$
$$3600 - 4x - 6y + t = 600$$
$$(3) \quad t = 4x + 6y - 3000.$$

Si dans les équations (2) et (3) l'on fait $x = 1$, on obtient

$$(2) \quad z = 3600 - 5 - 7y = 3595 - 7y$$
$$(3) \quad t = 4 + 6y - 3000 = 6y - 2996.$$

Pour que z et t soient positifs dans ces équations, il faut qu'on ait

$$7y < 3595 \text{ ou } y < \frac{3595}{7}, \text{ ou encore } y < 513\frac{4}{7},$$

et

$$6y > 2996 \text{ ou } y > \frac{2996}{6}, \text{ ou encore } y = 499\frac{2}{6}.$$

Ainsi, pour l'hypothèse de $x = 1$, on devra avoir $y < 513\frac{4}{7}$ et $y > 499\frac{2}{6}$; on pourra, par conséquent, faire successivement $y = 500, 501, 502 \ldots\ldots\ldots 513$.

En posant $y = 500$, on a

$$z = 3000 - 5 - 7 - 500 = 95$$
$$t = 4 | 000 - 3000 = 4.$$

Vérifions cette solution :

$$1 + 500 + 95 + 4 = 600$$
$$0,51 + 500 = 0,60 + 95 = 0,30 + 4 = 0,25 = 600 \times 0,55.$$

Les questions sur les mélanges présentent, en général, une foule de solutions que l'on trouve facilement au moyen des combinaisons. Les bornes de cet ouvrage ne nous permettent pas d'entrer dans de plus amples détails.

158 On a 3 lingots d'argent aux titres suivants : 0,750, 0,880, 0,990 : combien faudra-t-il en prendre de chaque espèce, pour avoir un lingot au titre légal et pesant 35 k. ?

Solution.

Si nous désignons par x, y et z le nombre de kilog. qu'il y aura de chaque lingot, nous aurons l'équation

$$(1) \qquad x + y + z = 35.$$

Comme dans les trois lingots aux différents titres il doit y avoir la même quantité d'argent que dans le lingot au titre 0,900, on aura encore l'équation

$$0,750x + 0,880y + 0,990z = 35 \times 0,900$$
$$75x + 88y + 99z = 35 \times 90$$
$$75x + 88y + 99z = 3150$$
$$x + y + z = 35.$$

Éliminant x entre les deux équations

$$75x + 88y + 99z = 3150$$
$$75x + 75y + 75z = 35 \times 75 = 2625,$$

il vient

$$13y + 24z = 525$$
$$y = \frac{525 - 24z}{13}$$

$$y = 40 - z + \frac{5 - 11z}{13}$$

$$(2) \qquad y = 40 - z + t$$

$$\frac{5 - 11z}{13} = t$$

$$5 - 11z = 13t$$

$$11z = 5 - 13t$$

$$z = \frac{5 - 13t}{11} = -t + \frac{5 - 2t}{11}$$

$$(3) \qquad z = -t + u$$

$$\frac{5 - 2t}{11} = u$$

$$5 - 2t = 11u$$

$$2t = 5 - 11u$$

$$t = \frac{5 - 11u}{2} = 2 - 5u + \frac{1 - u}{2}$$

$$(4) \qquad t = 2 - 5u + v$$

$$\frac{1 - u}{2} = v$$

$$(5) \qquad 1 - u = 2v$$

$$u = 1 - 2v.$$

Portant cette valeur de **u** dans les équations (3) et (4), on obtient

$$(6) \qquad z = -t + 1 - 2v$$

$$(7) \qquad t = 2 - 5(1 - 2v) + v = 2 - 5 + 10v + v = 11v - 3.$$

La valeur de t dans l'équation (6) donne

$$z = -11v + 3 + 1 - 2v$$

$$(8) \qquad z = 4 - 13v.$$

Enfin, si l'on substitue la valeur de z et de t dans l'équation (2), on aura

$$y = 40 - 4 + 13v + 11v - 3$$

$$(9) \qquad y = 33 + 24v.$$

Ainsi, des deux équations

$$z = 4 - 13v$$

$$y = 33 + 24v,$$

nous avons tiré la valeur de chaque inconnue de la question. Toute valeur positive et entière de v rendant z négatif, on ne peut donner à v que des valeurs négatives, ce qu'on peut faire, puisque v n'est qu'une indéterminée auxiliaire (Alg., n° 269); mais alors on a

$$z = 4 - 13 \cdot - v = 4 + 13v$$

$$y = 33 + 24 \cdot - v = 33 - 24v.$$

Pour que y soit positif, on doit avoir

$$24 v < 33, \text{ ou } v < \frac{33}{24}.$$

L'unité est donc la seule valeur qu'on peut attribuer à v, et il vient

$$z = 4 + 13 \times 1 = 17$$
$$y = 33 - 24 \times 1 = 9.$$

Ces deux valeurs dans l'équation A, donneront

$$x = 9.$$

Le problème proposé admet la seule solution

$$z = 17$$
$$y = 9$$
$$x = 9$$

Vérification : $\qquad 9 + 9 + 17 = 35$

$$0{,}750 \times 9 + 0{,}880 \times 9 + 0{,}990 \times 17 = 35 \times 0{,}900.$$

Exercices et problèmes de récapitulation.

159. Résoudre l'équation $\dfrac{5}{3} = \dfrac{6}{x}$.

Solution.

$$\frac{5}{3} = \frac{6}{x}$$
$$5x = 18$$
$$x = 3{,}6.$$

160. Traiter l'équation $\dfrac{15}{9} = \dfrac{18 + x}{x}$.

Solution.

$$\frac{15}{9} = \frac{18 + x}{x}$$
$$\frac{5}{3} = \frac{18 + x}{x}$$
$$5x = 54 + 3x$$
$$2x = 54$$
$$x = 27.$$

161. Résoudre l'équation $\dfrac{7+x}{3} + 5 = x + 4.$

Solution.

$$\frac{7+x}{3} + 5 = x + 4$$
$$\frac{7+x}{3} + 1 = x$$
$$7 + x + 3 = 3x$$
$$2x = 10$$
$$x = 5.$$

162. Résoudre les équations

$$x - 2y + 5 = 0$$
$$2x - 3y + 3 = 0.$$

Solution.

$$x - 2y + 5 = 0, \qquad 2x - 4y + 10 = 0$$
$$2x - 3y + 3 = 0 \qquad 2x - 3y + 3 = 0$$
$$\qquad\qquad\qquad\qquad -y + 7 = 0$$
$$x - 2 \times 7 + 5 = 0 \qquad\qquad -y = -7$$
$$x - 14 + 5 = 0 \qquad\qquad y = 7$$
$$x - 9 = 0.$$
$$x = 9$$
$$y = 7$$

163. Traiter le système des quatre équations suivantes :

$$x + y + z + t = 15$$
$$x - 2y + z - t = 2$$
$$2x - 4y + 5z + 2t = 39$$
$$x - y - z + t = 3.$$

Solution

$$(1) \qquad x + y + z + t = 15, \qquad x + y + z + t = 15$$
$$(2) \qquad x - 2y + z - t = 2, \qquad x - 2y + z - t = 2$$
$$(3) \qquad 2x - 4y + 5z + 2t = 39 \qquad 2x - y + 2z = 17$$
$$(4) \qquad x - y - z + t = 3.$$
$$(2) \qquad x - 2y + z - t = 2$$
$$(4) \qquad x - y - z + t = 3$$
$$(5) \qquad 2x - 3y = 5$$

$$(2) \quad 2(x - 2y + z - t) = 2 \times 2$$
$$2x - 4y + 2z - 2t = 4$$
$$(3) \quad 2x - 4y + 5z + 2t = 39$$
$$(7) \quad 4x - 8y + 7z = 43.$$
$$(5) \quad 2x - y + 2z = 17$$
$$(6) \quad 2x - 3y = 5$$
$$(7) \quad 4x - 8y + 7z = 43.$$
$$(6) \quad 2x - 3y = 5$$
$$2x = 5 + 3y$$
$$x = \frac{5 + 3y}{2}.$$

$$(5) \quad 2\left(\frac{5 + 3y}{2}\right) - y + 2z = 17$$
$$5 + 3y - y + 2z = 17$$
$$(8) \quad 2y + 2z = 12.$$
$$(7) \quad 4\left(\frac{5 + 3y}{2}\right) - 8y + 7z = 43$$
$$10 + 6y - 8y + 7z = 43$$
$$(9) \quad -2y + 7z = 33$$
$$(8) \quad 2y + 2z = 12$$
$$(9) \quad -2y + 7z = 33$$
$$9z = 45$$
$$z = 5.$$

La valeur de z fait connaître que
$$x = 4, \quad y = 1, \quad t = 5.$$

164. Si l'on augmente le $\frac{1}{4}$ d'un nombre de 21, on a 90 : quel est ce nombre ?

Solution.

Appelant x le nombre cherché, on a
$$\frac{x}{4} + 21 = 90$$
$$x + 84 = 360$$
$$x = 360 - 84 = 276.$$
$$\frac{276}{4} + 21 = 90.$$

165. Quel est le nombre dont le $\frac{1}{3}$ et le $\frac{1}{4}$ font ensemble 126 ?

Solution.

En désignant par x le nombre demandé, on obtient l'équation

$$\frac{x}{3} + \frac{x}{4} = 126$$
$$4x + 3x = 126 \times 12$$
$$7x = 1512$$
$$x = 216.$$

166. La différence entre le $\frac{1}{5}$ et le $\frac{1}{6}$ d'un nombre est 4 : quel est ce nombre ?

Solution.

Le nombre étant représenté par x, il vient

$$\frac{x}{5} - \frac{x}{6} = 4$$
$$6x - 5x = 4 \times 30$$
$$x = 120.$$

167. En retranchant 2 des $\frac{7}{6}$ d'un nombre, on obtient ce nombre : quel est-il ?

Solution.

Le nombre étant désigné par x, on a l'équation

$$\frac{7x}{6} - 2 = x$$
$$7x - 12 = 6x$$
$$x = 12.$$

168. La somme de trois nombres successifs est 96 : on demande ces trois nombres.

Solution.

Le plus petit de ces nombres étant x, le second sera $x+1$ et le troisième $x+2$, et comme leur somme est 96, on posera

$$x + x + 1 + x + 2 = 96$$
$$3x + 3 = 96$$
$$3x = 93$$
$$x = 31.$$

Les trois nombres sont 31, 32 et 33.

169. La somme de trois nombres est 360, le deuxième

est le $\frac{1}{3}$ du premier, et le troisième la $\frac{1}{2}$ du deuxième : on demande ces trois nombres.

Solution.

Le premier nombre étant x, le deuxième sera $\frac{x}{3}$ et comme le troisième est $\frac{1}{2}$ du second, il sera $\frac{x}{6}$. Les trois nombres formant ensemble 360, on a

$$x + \frac{x}{3} + \frac{x}{6} = 360$$
$$6x + 2x + x = 360 \times 6$$
$$9x = 2160$$
$$x = 240.$$

Le premier nombre est 240, le deuxième 80 et le troisième 40

170 Cinq nombres, dont la somme est 140, diffèrent successivement de deux unités : quels sont ces nombres?

Solution.

Appelant x le plus petit nombre, les autres seront successivement $x + 2$, $x + 4$, $x + 6$, $x + 8$. Comme la somme de ces cinq nombres est 140, il vient l'équation

$$x + x + 2 + x + 4 + x + 6 + x + 8 = 140$$
$$5x + 20 = 140$$
$$5x = 120$$
$$x = 24.$$

Les nombres demandés sont 24, 26, 28, 30 et 32.

171 On demande le quatrième terme d'une proportion, sachant que le premier est 9 et le produit des moyens 450.

Solution.

Désignant par x le quatrième terme, on a

$$9x = 450$$
$$x = 50.$$

172. La somme de trois nombres est 84, le premier surpasse le deuxième de 8 et le troisième de 16 : quels sont ces nombres?

Solution.

Le premier nombre étant x, le second sera $x - 8$ et le troisième $x - 16$. La somme de ces trois nombres étant 84, on écrira

$$x + x - 8 + x - 16 = 84$$
$$3x - 24 = 84$$
$$3x = 108$$
$$x = 36.$$

Le premier nombre est 36, le deuxième 28 et le troisième 20.

173. Partager le nombre 89 en deux parties, de manière qu'en divisant la première par 8 et la deuxième par 5, on trouve 13 pour la somme des quotients.

Solution.

Appelant x l'une des parties, l'autre sera $89 - x$; la somme des quotients des deux parties par 8 et par 5 étant 13, on a

$$\frac{x}{8} + \frac{89 - x}{5} = 13$$
$$5x + 8(89 - x) = 13 \times 40$$
$$5x + 712 - 8x = 520$$
$$- 3x = - 192$$
$$x = 64.$$

L'une des parties est 64 et l'autre est 25.

$$\frac{64}{8} + \frac{25}{5} = 13.$$

174. Une somme de 5880 fr. a été placée à 5 0/0 pendant un certain temps; sachant qu'elle a rapporté 171 fr. 50, on demande le temps pendant lequel elle a été placée.

Solution.

Soit x le temps cherché. 100 fr. rapportant 5 fr. dans un an, 1 fr. rapportera 100 fois moins ou $\frac{5}{100}$, et 5880 fr., 5880 fois plus, ou $\frac{5 \times 5880}{100}$; dans le temps x la même somme rapportera $\frac{5 \times 5880 \times x}{100}$; mais cet intérêt dans le temps x est 171 fr. 50, donc

$$\frac{5 \times 5880 \times x}{100} = 171,50$$

$$5 \times 5880 \times x = 17150$$
$$2940 x = 1715$$
$$x = \frac{7}{12}.$$

Le temps demandé est 7 mois

175. Partager le nombre 840 en deux parties, de manière que l'une soit de $\frac{1}{5}$ plus grande que l'autre.

Solution.

Si l'une des parties est x, l'autre sera $x + \frac{x}{5}$, et l'on aura

$$x + x + \frac{x}{5} = 840$$
$$2x + \frac{x}{5} = 840$$
$$10x + x = 4200$$
$$11x = 4200$$
$$x = 381 \frac{9}{11}.$$

La plus petite partie est $381 \frac{9}{11}$ et la plus grande $458 \frac{2}{11}$.

176. On demande de partager la somme de 1360 fr. entre trois personnes, de manière qu'elles aient le même nombre de pièces, la première de 10 fr., la deuxième de 5 fr. et la troisième de 1 fr.

Solution.

Soit x le nombre de pièces que chaque personne aura.

La portion de la première sera $10x$, celle de la deuxième $5x$ et celle de la troisième x; d'où l'équation

$$10x + 5x + x = 1360$$
$$16x = 1360$$
$$x = 85.$$

Chaque personne aura 85 pièces.

$$85 \times 10 + 85 \times 5 + 85 = 1360.$$

177. Partager 3720 fr. entre quatre personnes, de la manière suivante : la première prendra 5 fr. lorsque la deuxième en prendra 7, la troisième prendra 3 fr. lorsque la deuxième en prendra 4, enfin la quatrième prendra

8 fr. lorsque la troisième en prendra 7. On demande ce qu'aura chaque personne.

Solution.

Les portions des personnes étant x, y, z et t, l'énoncé du problème donne les quatre équations suivantes

$$x + y + z + t = 3720$$

$$\frac{x}{y} = \frac{5}{7}, \quad 5y = 7x, \quad y = \frac{7x}{5},$$

$$\frac{z}{y} = \frac{3}{4}, \quad 4z = 3y, \quad z = \frac{3y}{4} = \frac{3}{4} \times \frac{7x}{5} = \frac{21x}{20},$$

$$\frac{t}{z} = \frac{8}{7}, \quad 7t = 8z, \quad t = \frac{8z}{7} = \frac{8}{7} \times \frac{21x}{20} = \frac{6x}{5}.$$

Portant les valeurs de y, de z et de t dans la première équation, il vient

$$x + \frac{7x}{5} + \frac{21x}{20} + \frac{6x}{5} = 3720$$

$$20x + 28x + 21x + 24x = 3720 \times 20$$

$$93x = 74400$$

$$x = 800$$

$$y = \frac{5}{7} \times 800 = 1120$$

$$z = \frac{21}{20} \times 800 = 840$$

$$t = \frac{6}{5} \times 800 = 960.$$

178 Une maison a été revendue 10638 fr., à ce prix on a gagné 8 0/0 sur le prix d'achat : combien avait coûté cette maison ?

Solution.

Soit x le prix d'achat. La maison a été revendue le prix d'achat plus les $\frac{8}{100}$ de ce même prix : donc

$$x + \frac{8x}{100} = 10638$$

$$100x + 8x = 1063800$$

$$108x = 1063800$$

$$x = 9850.$$

La maison a coûté 9850 fr.

$$9850 + \frac{9850 \times 8}{100} = 10638.$$

179. Un marchand ne peut revendre que 15 francs ce qui lui en a coûté 16 : combien perd-il pour 0/0 ?

Solution.

Si nous désignons par x ce qu'il perd pour 0.0, comme il perd 1 fr. sur 16, nous aurons l'équation

$$\frac{x}{100} = \frac{1}{16}$$
$$16x = 100$$
$$x = 6,25.$$

Ce marchand a perdu 6 fr., 25 pour 0/0.

180. Une personne charitable désire savoir ce qu'elle donnerait aux pauvres dans une année, sachant que chaque semaine son offrande augmente de 0 fr. 10 : elle donne 0 fr. 10 la première semaine, la suivante elle donne 0 fr. 20, la troisième elle donne 0 fr. 30, et ainsi de suite jusqu'à la cinquante-deuxième.

Solution.

Ce que cette personne donne est la somme d'une progression arithmétique composée de 52 termes, le premier est 10 et la raison 10 : on aura donc

$$S = \frac{(a + l)n}{2} = \frac{(10 + l)52}{2} ,$$

mais $l = a + r(n-1) = 10 + 10 \times 51 = 10 + 510 = 520.$

Remplaçant l par sa valeur, il vient

$$S = \frac{(10 + 520)52}{2} = 530 \times 26 = 13780.$$

Cette personne donnerait 13780 centimes, ou 137 fr. 80 dans une année.

181. Un objet qui a coûté 15 francs a été revendu 18 : combien a-t-on gagné pour 0/0 ?

Solution.

Si l'on désigne par x ce qu'on gagne pour 0/0, comme on gagne 3 fr. sur 15, on a l'équation

$$\frac{x}{100} = \frac{3}{15} = \frac{1}{5}$$
$$5x = 100$$
$$x = 20.$$

182. Un train de voyageurs va de Lyon à Paris et fait
32 kil. à l'heure; un train poste part une heure et demie
après et fait 45 kil. à l'heure : on demande à quelle distance de Paris le train poste atteindra le premier; on
sait que la distance de Paris à Lyon est de 512 kilomètres.

Solution

Soit x la distance cherchée. Le premier, faisant 32 kil. à l'heure,
mettrait pour parcourir cette distance un temps exprimé par
$\frac{x}{32}$; le second, faisant 45 kil. à l'heure, mettrait un temps exprimé
par $\frac{x}{45}$, mais on sait que le premier est parti une heure et demie
avant le second : donc

$$\frac{x}{32} - 1,5 = \frac{x}{45}$$
$$45x - 2160 = 32x$$
$$13x = 2160$$
$$x = 166\frac{2}{13}.$$

A 166 k. $\frac{2}{13}$ de Paris, le second train atteindra le premier.

183. Le côté d'un triangle équilatéral est a, trouver
sa surface.

Solution.

En désignant par T la surface demandée, on a (1)

$$T = h \cdot \frac{a}{2}.$$

Cherchons à déterminer h. On sait que dans un triangle équilatéral la perpendiculaire tombe sur le milieu de la base. D'après
la propriété du triangle rectangle, on aura

$$h^2 = a^2 - \frac{a^2}{4} = \frac{4a^2}{4} - \frac{a^2}{4} = \frac{3a^2}{4}$$

$$h = \sqrt{\frac{3a^2}{4}} = \frac{a}{2}\sqrt{3} \qquad (\text{Alg., n}^\text{o}\ 126.)$$

(1) Le lecteur comprendra plus facilement s'il construit un triangle
équilatéral.

La valeur de h dans la première équation donnera

$$T = \frac{a}{2} \times \frac{a\sqrt{3}}{2} = \frac{a^2\sqrt{3}}{4}.$$

184. Dans le cas où l'on fera $a = 6$ mètres, quelle sera, en mètres carrés, l'aire du triangle?

Solution.

Nous servant de la formule $\frac{a^2\sqrt{3}}{4}$, nous aurons

$$T = \frac{36\sqrt{3}}{4} = 9\sqrt{3} = 9 \times 1,732 = 15,588.$$

La surface du triangle est de 15 m.c. 588.

185. Deux nombres sont entre eux comme 4 et 5, leur produit divisé par 32 est 10 : quels sont ces nombres ?

Solution.

Les deux nombres étant x et y, on a les deux équations

$$\frac{x}{y} = \frac{4}{5}, \quad 5x = 4y, \quad x = \frac{4y}{5},$$

$$\frac{xy}{32} = 10, \quad xy = 320.$$

$$\frac{4y}{5} \times y = 320$$

$$4y^2 = 320 \times 5$$

$$y^2 = 400$$

$$y = 20 \text{ (1)}$$

$$5x = 4y = 4 \times 20 = 80$$

$$x = 16.$$

Les nombres cherchés sont 16 et 20.

186. Le produit de deux nombres est 10800, l'un est le $\frac{1}{3}$ de l'autre : quels sont ces deux nombres?

(1) Le lecteur sait que 20 pourrait être affecté du double signe ±.

Solution.

Si l'un des nombres est x, l'autre sera $\dfrac{x}{3}$ et l'on aura

$$x \times \frac{x}{3} = 10800$$
$$x^2 = 32400$$
$$x = 180.$$

Les nombres sont 180 et 60.

187. On a deux sommes : l'une, placée à 4 pour 0/0, rapporte 31 fr. 20 par an de plus que l'autre placée à 5 pour 0/0 : on demande ces deux sommes, sachant d'ailleurs qu'elles diffèrent de 2885 fr.

Solution.

Les deux sommes étant x et y, on a $\dfrac{4x}{100}$ pour l'intérêt annuel de la première, et $\dfrac{5y}{100}$ pour l'intérêt de la seconde, également pendant un an : et, comme les sommes diffèrent de 2885 fr., on obtient les deux équations

$$\frac{4x}{100} - \frac{5y}{100} = 31,20, \qquad 4x - 5y = 3120,$$
$$x - y = 2885, \qquad 4x - 4y = 2885 \times 4.$$
$$4x - 4y = 11540$$
$$4x - 5y = 3120$$
$$y = 8420$$
$$4x - 5 \times 8420 = 3120$$
$$4x = 3120 + 42100 = 45220$$
$$x = 11305.$$

Les deux capitaux sont 11305 fr. et 8420 fr.

188. Partager 102 en trois parties, de manière que la première contienne trois fois la deuxième, et qu'il y ait 3 pour reste, et que la troisième soit $\frac{1}{2}$ de la deuxième.

Solution.

La deuxième partie étant x, la première sera $3x + 3$ et la troisième $\dfrac{x}{2}$, d'où

$$x + 3x + 3 + \frac{x}{2} = 102$$

4.

$$8x \mid \frac{x}{2} \quad 99$$
$$8x + x \quad 198$$
$$9x \quad 198$$
$$x \quad 22.$$

La seconde partie sera 22, la première 69 et la troisième 11.

189. Deux capitaux sont entre eux dans le rapport de 5 à 3, ensemble ils rapportent par an 251 fr. 30 ; on demande ces deux capitaux, sachant que le premier est placé à 4 0.0 et le deuxième à 5.

Solution.

Appelant x et y ces deux capitaux, on a d'abord l'équation

$$\frac{x}{y} \quad \frac{5}{3},$$

L'intérêt du premier capital sera $\dfrac{4x}{100}$ et l'intérêt du second $\dfrac{5y}{100}$, d'où

$$\frac{4x}{100} + \frac{5y}{100} = 251,30, \qquad 4x \mid 5y \quad 25130,$$
$$\frac{x}{y} \quad \frac{5}{3}, \qquad\qquad 3x \quad 5y.$$
$$4x + 3x \quad 25130$$
$$7x \quad 25130$$
$$x \quad 3590$$
$$3 \times 3590 \quad 5y$$
$$y \quad 2154.$$

Les capitaux sont 3590 fr. et 2154 fr.

190. Trouver un nombre tel que son produit par 5 surpasse d'autant le nombre 20 qu'il est lui même au-dessous de 20.

Solution.

Ce nombre étant désigné par x, son produit par 5 sera $5x$, et comme ce produit surpasse 20 de la même quantité que le nombre demandé est au-dessous de 20, on a l'équation

$$5x - 20 \quad 20 \quad x$$
$$6x \quad 40$$
$$x = 6\frac{2}{3}.$$

Le nombre qui répond à l'énoncé du problème est $6\frac{2}{3}$, car

$$5 \times 6\frac{2}{3} - 20 = 20 - 6\frac{2}{3}$$
$$33\frac{1}{3} - 20 = 20 - 6\frac{2}{3}$$
$$13\frac{1}{3} = 13\frac{1}{3}.$$

191. Une sphère a pour volume $\dfrac{4\pi R^3}{3}$: traduire cette formule en langage ordinaire.

Solution.

Une sphère a pour volume le tiers du produit de 4 fois le rapport de la circonférence au diamètre multiplié par le cube du rayon.

192. Que deviendra la formule précédente en y remplaçant R par $\dfrac{D}{2}$?

Solution

Comme $R = \dfrac{D}{2}$, $R^3 = \dfrac{D^3}{8}$. Portant cette valeur de R^3 dans la formule $\dfrac{4\pi R^3}{3}$, il vient

$$\frac{4\pi}{3} \times \frac{D^3}{8} = \frac{4\pi D^3}{24} = \frac{\pi D^3}{6}.$$

193. Énoncer en langage ordinaire cette deuxième expression du volume de la sphère.

Solution.

Le volume d'une sphère est égal au produit, divisé par 6, du rapport de la circonférence au diamètre par le cube du diamètre de la sphère.

194. Dans le problème 191, R = 1m5, dans le problème 192, D = 2 mètres ; on demande le volume des deux sphères.

Solution.

Si dans la formule $\dfrac{4\pi R^3}{3}$, on substitue à R sa valeur, on a

$$V = \frac{4 \times 3{,}1416 \times 1{,}5 \times 1{,}5 \times 1{,}5}{3} = 14 \text{ m. cubes } 1372.$$

Si dans la formule $\dfrac{\pi D^3}{6}$ on remplace D par sa valeur, il vient

$$V = \frac{3{,}1416 \times 2 \times 2 \times 2}{6} = 4 \text{ m. cubes } 1888.$$

195. La trente-sixième partie du carré d'un nombre divisée par ce nombre donne 37 : quel est ce nombre ?

Solution.

Ce nombre étant x, son carré sera x^2, d'où

$$\frac{x^2}{36x} = 37$$
$$x^2 = 1332x$$
$$x^2 - 1332x = 0$$
$$x(x - 1332) = 0.$$

Le nombre demandé est 1332 (Alg., n° 139.)

196. Le produit des $\frac{3}{5}$ d'un nombre par ses $\frac{3}{4}$ est 180 : on demande ce nombre.

Solution.

Appelant x ce nombre, on a

$$\frac{3x}{5} \times \frac{3x}{4} = 180$$
$$\frac{9x^2}{20} = 180$$
$$9x^2 = 180 \times 20$$
$$x^2 = \frac{180 \times 20}{9} = 400$$
$$x = 20.$$

Le nombre cherché est 20.

$$\frac{3 \times 20}{5} \times \frac{3 \times 20}{4} = 180.$$

197. Deux capitaux sont dans le rapport de **7** à **6**, le premier est placé à 5 0/0, le second à 4 : on demande ces deux capitaux, sachant qu'ils ont rapporté ensemble **796** fr. **50** en deux ans trois mois.

Solution.

Désignant par x et y les capitaux dont il s'agit, on a

$$\frac{x}{y} = \frac{7}{6}$$

Le premier étant placé à 5 pour °/₀, son intérêt pour 2 ans 3 mois, ou 2 ans 25, sera $\frac{5x \times 2,25}{100}$; le second étant placé à 4 pour °/₀, son intérêt pendant le même temps sera $\frac{4y \times 2,25}{100}$, d'où l'équation

$$\frac{11,25x}{100} + \frac{9y}{100} = 796,50$$
$$11,25x + 9y = 79650$$
$$1,25x + y = \frac{79650}{9} = 8850,$$
$$\frac{x}{y} = \frac{7}{6}, \quad 6x = 7y, \quad y = \frac{6x}{7},$$
$$1,25x + \frac{6x}{7} = 8850$$
$$8,75x + 6x = 61950$$
$$14,75x = 61950$$
$$x = 4200$$
$$y = \frac{6 \times 4200}{7} = 3600.$$

Les deux capitaux sont 4200 et 3600.

198. Un négociant a vendu une première fois 200 doubles décalitres de blé et 75 d'avoine pour 912 fr. 50 ; une seconde fois 150 doubles décalitres de blé et 125 d'avoine pour 787 fr. 50 : on demande le prix du double décalitre de blé et d'avoine.

Solution.

Désignant par x le prix du double décalitre de blé et par y le prix du double décalitre d'avoine, l'énoncé du problème donne lieu aux deux équations suivantes

$$200x + 75y = 912,50, \quad 8x + 3y = \frac{912,50}{25} = 36,50,$$

$$150x + 125y = 787,50, \quad 6x + 5y = \frac{787,50}{25} = 31,50.$$

$$8x + 3y = 36,50$$
$$6x + 5y = 31,50$$
$$x = \frac{31,50 - 5y}{6}.$$

$$8 \cdot \frac{31,50 - 5y}{6} + 3y = 36,50$$

$$\frac{4(31,50 - 5y)}{3} + 3y = 36,50$$

$$126 - 20y + 9y = 109,50$$
$$11y = 16,50$$
$$y = 1, 50.$$

La valeur de y portée dans celle de x fait connaître que $x = 4$. Le blé a coûté 4 fr. le double et l'avoine 1 fr. 50.

199. Partager 7600 fr. entre trois personnes proportionnellement à leurs âges : la première a 20 ans, la deuxième 24 et la troisième 32.

Solution.

Représentant la portion de la première personne par x, celle de la deuxième sera $\frac{24x}{20}$ et celle de la troisième $\frac{32x}{20}$ Prob. 93 , d'où

$$x + \frac{24x}{20} + \frac{32x}{20} = 7600$$

$$x + \frac{6x}{5} + \frac{8x}{5} = 7600$$

$$5x + 6x + 8x = 38000$$
$$19x = 38000$$
$$x = 2000.$$

La première personne aura 2000 fr., la deuxième 2400 fr. et la troisième 3200 fr.

200. Diviser 5356 en trois parties réciproquement proportionnelles aux trois nombres 20, 30 et 40.

Solution.

Les nombres réciproques à 20, à 30 et à 40 sont $\frac{1}{20}$, $\frac{1}{30}$ et $\frac{1}{40}$. Alg., n° 225. 3°. La première partie étant x, la deuxième sera $\frac{20x}{30}$ et la troisième $\frac{20x}{40}$, de là

$$x + \frac{20x}{30} + \frac{20x}{40} = 5356$$

$$x + \frac{2x}{3} + \frac{x}{2} = 5356$$

$$6x + 4x + 3x = 5356 \times 6$$

$$13x = 32136$$

$$x = 2472.$$

La première partie sera **2472**, la deuxième **1648** et la troisième **1236**.

201. Combien faut-il mêler d'hectolitres de blé à **20 fr.** l'hectolitre et à **30 fr.**, pour avoir un mélange de 250 hectolitres à **23 fr.?**

Solution.

S'il y a x hectolitres à 20 fr. et y hectolitres à 30 fr., on aura d'après l'énoncé du problème les deux équations ci-dessous

$$x + y = 250$$
$$20x + 30y = 250 \times 23, \qquad 2x + 3y = 575.$$
$$2x + 2y = 500$$
$$2x + 3y = 575$$
$$2x + 2y = 500$$
$$y = 75.$$

Il faut prendre 75 hectolitres à 30 fr. et 175 à **20 fr.**

$$175 + 75 = 250$$
$$175 \times 20 + 75 \times 30 = 250 \times 23.$$

202 Trouver une expression de la surface de la sphère en fonction seulement de la circonférence.

Solution.

On sait que *surface de la sphère* $= 4\pi R^2 = \pi D^2$; mais $D = \dfrac{c}{\pi}$ et $D^2 = \dfrac{c^2}{\pi^2}$, donc

$$\pi D^2 = \frac{\pi c^2}{\pi^2} = \frac{c^2}{\pi}.$$

203. Quelle est la fraction qui, divisée par elle-même, mais renversée, donne pour quotient $\dfrac{9}{16}$?

Solution.

Soit $\dfrac{x}{y}$ la fraction cherchée, en renversant ses termes on a $\dfrac{y}{x}$; divisant $\dfrac{x}{y}$ par $\dfrac{y}{x}$, il vient $\dfrac{x}{y} \times \dfrac{x}{y} = \dfrac{x^2}{y^2}$, d'où

$$\frac{x^2}{y^2} = \frac{9}{16}$$

$$\sqrt{\frac{x^2}{y^2}} = \sqrt{\frac{9}{16}}$$

$$\frac{x}{y} = \frac{3}{4}.$$

La fraction demandée est $\dfrac{3}{4}$.

204. Avec du vin à 0 fr. 25 et à 0 fr. 16, on veut faire un mélange de 180 litres qui revienne à 0 fr. 20 : combien doit-on en prendre de chaque espèce ?

Solution.

En supposant qu'il y ait x litres à 0,25 et y litres à 0,16, on obtient, d'après les données de la question, les deux équations

$$x + y = 180$$
$$0,25x + 0,16 y = 0,20 \times 180, \quad 25x + 16y = 180 \times 20$$
$$25x + 16y = 3600$$
$$\underline{16x + 16y = 2880}$$
$$9x = 720$$
$$x = 80.$$

Il faudra prendre 80 litres à 0,25 et 100 litres à 0,16.

205. Le produit de deux nombres est 180 : on demande ces deux nombres, sachant que l'un est les $\frac{4}{5}$ de l'autre.

Solution.

Si l'un des nombres est x, l'autre sera $\frac{4x}{5}$: on aura donc

$$x \times \frac{4x}{5} = 180$$
$$4x^2 = 900$$
$$x^2 = 225$$
$$x = 15.$$

Les deux nombres sont 15 et 12.

206. On demande les rayons de deux cercles, sachant que leurs surfaces diffèrent de 9,4248, et que la différence entre leurs rayons est 1.

Solution.

Désignant par R et r les rayons demandés, on a

$$\pi R^2 - \pi r^2 = 9,4248, \qquad \pi(R^2 - r^2) = 9,4248,$$
$$R - r = 1. \qquad R^2 - r^2 = \frac{9,4248}{3,1416} = 3.$$

$$R^2 - r^2 = 3$$
$$(R + r)(R - r) = 3.$$

Comme $R - r = 1$, on a

$$R + r = 3.$$

Il reste à résoudre les deux équations ci-dessous

$$R - r = 1$$
$$R + r = 3.$$

Faisant la somme membre à membre, il vient

$$2R = 4$$
$$R = 2.$$

Le grand rayon est 2 et le petit 1.

207. Lorsqu'on multiplie les $\frac{3}{4}$ d'un nombre par ses $\frac{1}{2}$, et qu'on divise le produit par 2, on a 1215 : quel est ce nombre ?

Solution.

Le nombre étant x, ses $\frac{3}{4}$ seront $\frac{3x}{4}$ et ses $\frac{5}{2}$, $\frac{5x}{2}$; d'où

$$\frac{3x}{4} \times \frac{5x}{2} : 2 = 1215$$

$$\frac{15x^2}{16} = 1215$$

$$15x^2 = 19440$$

$$x = 36$$

208. Trouver une expression du volume de la sphère, en fonction seulement de la circonférence.

Solution.

Volume de la sphère $= \frac{4\pi R^3}{3}$, ou, en remplaçant R^3 par sa valeur $\frac{D^3}{8}$, $\frac{4\pi D^3}{24} = \frac{\pi D^3}{6}$; mais $D = \frac{c}{\pi}$, $D^3 = \frac{c^3}{\pi^3}$, donc :

$$\frac{\pi D^3}{6} = \frac{\pi}{6} \times \frac{c^3}{\pi^3} = \frac{c^3}{6\pi^2}.$$

209. Deux nombres sont entre eux comme 7 est à 3, leur produit est 170100 ; quels sont ces deux nombres ?

Solution.

Les deux nombres cherchés étant x et y, on a

$$\frac{x}{y} = \frac{7}{3}, \quad 3x = 7y, \quad x = \frac{7y}{3}.$$

$$xy = 170100$$

$$\frac{7y}{3} \times y = 170100$$

$$7y^2 = 170100 \times 3$$

$$y = 270.$$

Les nombres sont 270 et 630.

210. Volume d'un cône tronqué ou $V = \frac{H}{3}\pi(R^2 + r^2 + Rr)$: on demande ce que vaudra V dans le cas où l'on aura H = 1m50, R = 0m40, r = 0m30.

Solution.

En remplaçant les lettres par leurs valeurs, on a

$$V = \frac{1,50 \times 3,1416\,(0,16 + 0,09 + 0,12)}{3} = 0,581196.$$

211. Deux nombres sont entre eux comme 1 est à $\frac{3}{5}$, leur produit est 60 : quels sont ces nombres?

Solution.

Appelant x et y les nombres dont il s'agit, il vient

$$\frac{x}{y} = \frac{1}{\frac{3}{5}},\quad \frac{x}{y} = \frac{5}{3},\quad 3x = 5y,\quad x = \frac{5y}{3},$$

$$xy = 60$$

$$\frac{5y}{3} \times y = 60$$

$$5y^2 = 180$$

$$y = 6, \qquad 3x = 5 \times 6 = 30$$

$$x = 10$$

Les nombres demandés sont 10 et 6.

212. Partager le nombre 24 en deux parties dont le produit soit 143.

Solution.

Si l'une des parties est x, l'autre sera $24 - x$, et comme le produit des deux parties est 143, on obtient

$$(24 - x)x = 143$$

$$24x - x^2 = 143$$

$$x^2 - 24x = -143$$

$$x = 12 \pm \sqrt{144 - 143}$$

$$x' = 13$$

$$x'' = 11.$$

213. Résoudre l'équation $\frac{2+7}{x} - 3 = 2x - 6$.

Solution.

$$\frac{2+7}{x} - 3 = 2x - 6$$

$$\frac{2+7}{x} = 2x - 3$$

$$2 + 7 = 2x^2 - 3x$$
$$2x^2 - 3x = 9$$
$$x = \frac{3 \pm \sqrt{72 + 9}}{4}$$
$$x = \frac{3 \pm 9}{4}$$
$$x' = \frac{12}{4} = 3$$
$$x'' = -\frac{6}{4} = -1{,}5.$$

214. Traiter l'équation $(5 + x)(5 - x) = 24$.

Solution.

$$(5 + x)(5 - x) = 24$$
$$25 - x^2 = 24$$
$$x^2 = 1$$
$$x = \pm 1$$
$$x' = 1$$
$$x'' = -1.$$

215 Traiter l'équation littérale $(a + x)(a - x) = c + d$.

Solution.

$$(a + x)(a - x) = c + d$$
$$a^2 - x^2 = c + d$$
$$x^2 = a^2 - c - d$$
$$x = \pm\sqrt{a^2 - c - d}$$
$$x' = \sqrt{a^2 - c - d}$$
$$x'' = -\sqrt{a^2 - c - d}.$$

216. Résoudre l'équation $\frac{ax + bx}{dx} + ex = c$.

Solution.

$$\frac{ax + bx}{dx} + ex = c$$
$$ax + bx + dex^2 = cdx$$
$$ax + bx + dex^2 - cdx = 0$$
$$x(a + b + dex - cd) = 0$$
$$x = 0$$
$$a + b + dex - cd = 0$$
$$dex = cd - a - b$$

$$x = \frac{cd}{de}(a-b)$$

$$x' = 0$$

$$x'' = \frac{cd}{de}(a-b)$$

217. Traiter l'équation $\dfrac{ax^2 - bx^2}{a} + dx = c.$

Solution.

$$\frac{ax^2 - bx^2}{a} + dx = c$$

$$ax^2 - bx^2 + adx = ac$$

$$x = \frac{-ad + \sqrt{4ac(a-b) + a^2d^2}}{2(a-b)}$$

$$x' = \frac{-ad + \sqrt{4ac(a-b) + a^2d^2}}{2(a-b)}$$

$$x'' = \frac{-ad - \sqrt{4ac(a-b) + a^2d^2}}{2(a-b)}.$$

218. On désire savoir ce qu'exprime cette formule $2\pi RH$ appliquée au cylindre

Solution.

Cette formule exprime la surface convexe du cylindre.

219. Quel quotient obtiendra-t-on en divisant la surface d'une sphère par π ?

Solution.

Le quotient sera égal à 4 fois le carré du rayon de la sphère. La surface d'une sphère étant $4\pi R^2$, on a

$$\frac{4\pi R^2}{\pi} = 4R^2.$$

220. La somme de deux nombres est 25 et leur produit 150 : quels sont ces nombres ?

Solution.

Les nombres étant désignés par x et y, on obtient les deux équations

$$x + y = 25$$

$$xy = 150, \qquad x = \frac{150}{y},$$

$$150 + y = 25$$
$$150 + y^2 = 25y$$
$$y^2 - 25y = -150$$
$$y = 12,50 \pm \sqrt{6,25}$$
$$y' = 15$$
$$y'' = 10.$$

Les deux nombres sont 10 et 15.

221. Trouver deux nombres dont la différence soit 30 et le produit 2800.

Solution.

En appelant x et y les deux nombres demandés, on a

$$x - y = 30$$
$$xy = 2800, \qquad x = \frac{2800}{y},$$

$$\frac{2800}{y} - y = 30$$
$$2800 - y^2 = 30y$$
$$y^2 + 30y = 2800$$
$$y = -15 + \sqrt{2800 + 225}$$
$$y = -15 + 55$$
$$y = 40.$$

Les nombres demandés sont 40 et 70.

222. La différence des deux côtés d'un rectangle est de 5 mètres et sa surface est de 40 mètres carrés : quelle est la longueur des côtés?

Solution.

Si nous appelons x le plus petit coté du rectangle, le plus grand sera $x + 5$, et on aura

$$x(x + 5) = 40$$
$$x^2 + 5x = 40$$
$$x = -2,5 \pm \sqrt{40 + 6,25}$$
$$x = -2,5 + 6,80$$
$$x = 4,30.$$

Les côtés du rectangle sont 4 m. 30 et 9 m. 30.

223. Comment trouver le rayon d'une sphère, lorsqu'on connait seulement sa surface?

Solution.

En divisant la surface connue par 4π et en extrayant la racine carrée du résultat. *Surface d'une sphère* $= 4\pi R^2$, donc

$$\frac{4\pi R^2}{4\pi} = R^2 \text{ et } \sqrt{R^2} = R.$$

224. Le carré d'un nombre divisé par le $\frac{1}{13}$ de ce nombre donne 117000 : quel est ce nombre?

Solution.

Appelant x ce nombre, son carré sera x^2 et le $\frac{1}{13}$, $\frac{x}{13}$, on a donc

$$x^2 : \frac{x}{13} = 117000$$
$$\frac{13x^2}{x} = 117000$$
$$13x^2 = 117000x$$
$$x(13x - 117000) = 0$$
$$x = 0$$
$$13x = 117000$$
$$x = 9000.$$

Nous avons déjà fait remarquer, en algèbre, que souvent dans les équations du second degré, on doit rejeter la valeur d'une des inconnues comme étrangère à la question.

225. Deux nombres diffèrent de 4 unités, la différence de leurs carrés est 80 : quels sont ces deux nombres?

Solution.

Les nombres demandés étant x et y, on obtient des données de la question les deux équations ci-dessous

$$x - y = 4$$
$$x^2 - y^2 = 80, \qquad x + y)(x - y) = 80,$$
$$(x + y)4 = 80$$
$$x + y = 20$$
$$x - y = 4$$
$$2x = 24$$
$$x = 12.$$

Les deux nombres cherchés sont 12 et 8.

226. Comment avoir directement le diamètre d'une sphère, ayant seulement son volume?

Solution.

En divisant par π le produit du volume de la sphère par 6 et en extrayant la racine cubique du résultat ; en effet, volume de la sphère ou $V = \frac{\pi D^3}{6}$, donc

$$\frac{6V}{\pi} = D^3 \text{ et } \sqrt[3]{\frac{6V}{\pi}} = \sqrt[3]{D^3} = D.$$

227. On a placé une certaine somme à intérêts composés à 5 0/0 ; au bout de deux ans on retire, tant pour le capital que pour les intérêts, 882 fr. : quelle était la somme placée ?

Solution.

On a trouvé (Alg., n° 249)

$$A = a(1 + r)^n$$

Remplaçant les lettres par leurs valeurs, il vient

$$882 = a(1,05)^2$$

$$a = \frac{882}{1,1025} = 800.$$

La somme placée était 800 fr.

228. Trouver directement la circonférence d'une sphère, connaissant sa surface.

Solution.

En représentant par s la surface d'une sphère, on a (Prob. 202)

$$s = \frac{c^2}{\pi}$$

$$c^2 = \pi s$$

$$c = \sqrt{\pi s}.$$

229. Deux nombres diffèrent de 10 unités, leur produit diffère de leur somme de 230 unités : quels sont ces nombres ?

Solution.

Les deux nombres dont il s'agit étant x et y, on a

$$x - y = 10, \qquad x = 10 + y.$$

$$xy - (x + y) = 230$$

$$(10 + y)y - (10 + y + y) = 230$$

$$10y + y^2 - 10 - 2y = 230$$

$$y^2 + 8y = 240$$

$$y' = -4 + \sqrt{256}$$
$$y' = 12$$
$$y'' = 20.$$

Les valeurs de x' et de x'' correspondantes à y' et y'' sont

$$x' = 22, \quad x'' = -10.$$

Ces valeurs répondent à l'énoncé du problème :

Première sol. $22 - 12 = 10$
$12 \times 22 = 34 = 230.$

Seconde sol. $-10 + 20 = 10$
$-10 \times -20 = 30 = 230.$

230. Trouver la circonférence d'une sphère, connaissant son volume.

Solution.

On a (Prob. 208)

$$V = \frac{c^3}{6\pi^2}$$
$$c^3 = 6\pi^2 V$$
$$c = \sqrt[3]{6\pi^2 V}.$$

231. On a mélangé du soufre et du salpêtre dans la proportion de 75 parties de salpêtre et de 12,5 de soufre : combien y a-t-il de soufre et de salpêtre sur une masse de 120 kilogrammes?

Solution.

Le salpêtre et le soufre sont dans le rapport de 75 à 12,5, ou de 1 à $\frac{12,5}{75}$. Si, par conséquent, nous désignons par x le salpêtre, le soufre sera $\frac{12,5x}{75}$, et on aura

$$x + \frac{12,5x}{75} = 120$$
$$75x + 12,5x = 120 \times 75$$
$$x = 102\frac{6}{7}.$$

Il y a 102 k. $\frac{6}{7}$ de salpêtre et 17 k. $\frac{1}{7}$ de soufre.

232. Appliquée au tronc de cône, que veut dire l'expression $H = \dfrac{3V}{\pi(R^2 + r^2 + Rr)}$?

Solution.

Cette formule signifie que la hauteur d'un tronc de cône est égale à 3 fois le volume divisé par la somme des 3 surfaces que l'on considère dans un tronc de cône.

233. Dans la formule $H = \dfrac{3V}{\pi(R^2 + r^2 + Rr)}$, quelle sera la valeur de H si l'on fait R = 0,50, r = 0,40 V = 460 de cimètres cubes?

Solution.

Si l'on substitue à chaque lettre sa valeur, il viendra

$$H = \frac{3 \cdot 0,460}{3,1416(0,25 + 0,16 + 0,20)} = 0^m,72.$$

234. Pour faire de la poudre de guerre, on prend 75 parties d'azotate de potasse (salpêtre), 12,50 de soufre et 12,50 de charbon : combien devra-t-il y avoir de chacun de ces trois corps sur 1600 kilogr. de poudre?

Solution.

Puisque pour 75 k. de salpêtre on met 12,5 k. de soufre et 12,5 k. de charbon, pour 1 k. de salpêtre on mettra $\dfrac{12,5}{75}$ k. de soufre et $\dfrac{12,5}{75}$ k. de charbon, et pour x k. de salpêtre, il y aura $\dfrac{12,5x}{75}$ k. de soufre et $\dfrac{12,5x}{75}$ k. de charbon, d'où l'équation

$$x + \frac{12,5x}{75} + \frac{12,5x}{75} = 1600$$
$$75x + 12,5x + 12,5x = 1600 \times 75$$
$$x = 1200$$

Sur 1600 k. de poudre, il y aura 1200 k. de salpêtre, 200 k. de soufre et 200 k. de charbon.

235. Le métal des cloches est un alliage de 78 parties de cuivre et de 22 d'étain : on demande combien il faudrait ajouter d'étain à un alliage de 1560 kilogr. pour que le rapport du cuivre à l'étain fût $\frac{66}{34}$. On sait, d'ailleurs, qu'on n'a pas touché au cuivre.

Solution.

Si dans le premier alliage nous désignons par x la quantité de cuivre, celle d'étain sera représentée par 1560 — x, et comme les deux métaux sont dans le rapport de 78 à 22, on a l'équation

$$\frac{78}{22} = \frac{x}{1560 - x}$$
$$x = 1216,80.$$

On trouve qu'il y a 343 k. 2 d'étain. Si dans le second alliage nous représentons la quantité d'étain qui a été ajoutée par y, l'énoncé du problème donnera l'équation

$$\frac{86}{54} = \frac{1216,8}{343,2 + y}$$

puisqu'on n'a pas touché au cuivre et que le rapport des métaux est $\frac{86}{54}$.

$$\frac{86}{54} = \frac{1216,8}{343,2 + y}$$
$$86\,(343,2 + y) = 1216,8 \times 54$$
$$y = 420 + \frac{36}{43}.$$

On devra ajouter 420 k. $\frac{36}{43}$ d'étain au premier alliage, pour que le rapport des deux métaux soit $\frac{86}{54}$.

$$\frac{86}{54} = \frac{1216,8}{343,2 + 420\frac{36}{43}}$$

236. Résoudre l'équation $V = \frac{H}{3}\pi\,(R^2 + r^2 + Rr)$ par rapport à R.

Solution.

$$V = \frac{H}{3}\pi\,(R^2 + r^2 + Rr)$$
$$\frac{3V}{H\pi} = R^2 + r^2 + Rr$$
$$R^2 + Rr = \frac{3V}{H\pi} - r^2$$
$$R = -\frac{r}{2} \pm \sqrt{\frac{3V}{H\pi} - r^2 + \frac{r^2}{4}}$$
$$R = -\frac{r}{2} \pm \sqrt{\frac{3V}{H\pi} - \frac{3r^2}{4}}$$
$$R = -\frac{r}{2} \pm \sqrt{3\left(\frac{V}{H\pi} - \frac{r^2}{4}\right)}$$

237. Un alliage de plomb et d'antimoine pèse 150 k.; on sait que le plomb est à l'antimoine comme 9 est à 13 : dans quel rapport seront les deux métaux, si l'on ajoute 15 kilog. de plomb?

Solution.

Désignant par x la quantité de plomb, on a (Prob. 234)

$$\frac{9}{13} = \frac{x}{150 - x}$$

$$x = 61\,\frac{4}{11}.$$

Dans les 150 k. d'alliage, il y a 61 k. $\frac{4}{11}$ de plomb et 88 k. $\frac{7}{11}$ d'antimoine. Puisque sans toucher à l'antimoine on ajoute 15 k. de plomb pour former un nouvel alliage, si l'on suppose que les métaux sont dans le rapport de y à 13, on aura l'équation

$$\frac{y}{13} = \frac{61\frac{4}{11} + 15}{88\frac{7}{11}}$$

$$\frac{y}{13} = \frac{\dfrac{840}{11}}{\dfrac{975}{11}}$$

$$\frac{y}{13} = \frac{840}{975}.$$

La valeur de y est 11,2. Les métaux sont par conséquent dans le rapport de 11, 2 à 13, ou de 56 à 65.

238. On demande deux nombres tels que leur produit soit 18 et la somme de leurs carrés 45.

Solution.

Appelant x et y les nombres dont il s'agit, l'énoncé du problème donne les équations ci-dessous

$$xy = 18, \qquad 2xy = 18 \times 2.$$
$$x^2 + y^2 = 45$$
$$2xy = 36$$
$$\overline{\quad x^2 + y^2 + 2xy = 81}$$
$$x + y = \sqrt{81} = 9$$
$$x = 9 - y$$
$$y(9 - y) = 18$$
$$y^2 - 9y = -18$$

$$y = \frac{9}{2} \pm \sqrt{\frac{81}{4} - \frac{72}{4}}$$

$$y = \frac{9}{2} \pm \frac{3}{2}$$

$$y' = 6, \quad y'' = 3.$$

Les deux nombres sont 6 et 3.

239. Une personne achète trois objets de différents prix : on demande combien chaque objet coûte, sachant que cette personne a donné 12 fr. pour le premier et le deuxième, 13 fr. pour le premier et le troisième, et 15 fr. pour les deux derniers.

Solution.

Si nous nommons x, y et z les prix demandés, l'énoncé de la question nous donne les trois équations qui suivent

$$
\begin{aligned}
x + y &= 12, & \qquad x + y &= 12, \\
x + z &= 13, & x + z &= 13 \\
y + z &= 15. & \overline{\quad y - z} &= -1,
\end{aligned}
$$

$$
\begin{aligned}
y + z &= 15 \\
y - z &= -1 \\
\hline
2y &= 14 \\
y &= 7.
\end{aligned}
$$

La valeur de y fait connaître que $x = 5$, $z = 8$.

240. Une personne doit livrer 24 litres de vin à 0 fr. 40, elle n'a que du vin à 0 fr. 45 et à 0 fr. 30 le litre : comment doit elle faire le mélange pour ne rien perdre ni gagner?

Solution.

En appelant x le nombre de litres qu'elle devra prendre à 0 fr. 45 et y ceux à 0 fr. 30, on a (Prob. 214)

$$
\begin{aligned}
x + y &= 24, & \qquad 2x + 2y &= 48 \\
0,45x + 0,30y &= 24 \times 0,40 \\
45x + 30y &= 24 \cdot 40 \\
9x + 6y &= 24 \times 8 \\
3x + 2y &= 64 \\
2x + 2y &= 48 \\
\hline
x &= 16
\end{aligned}
$$

Il y aura donc ce mélange 16 litres à 0 fr. 45 et 8 litres à 0 fr. 30.

241 On a un alliage de plomb et d'étain pesant 350 k., le premier métal est à l'autre dans le rapport de 15 à 19 : on demande combien il faut ajouter de plomb pour que le rapport soit inverse.

Solution.

Désignant par x la quantité de plomb, celle d'étain sera $350 - x$ d'où Prob. 275,

$$\frac{15}{19} = \frac{x}{350 - x}$$

$$5250 - 15x = 19x$$

$$x = 154\frac{7}{17}.$$

Dans le premier alliage des deux métaux, il y a 154 k. $\frac{7}{17}$ de plomb et 195 $\frac{10}{17}$ d'étain. Le rapport des deux métaux devant être inverse, si l'on représente par y la quantité de plomb qui a été ajoutée, on aura l'équation

$$\frac{19}{15} = \frac{154\frac{7}{17} + y}{195\frac{10}{17}} = \frac{\frac{2625}{17} + y}{\frac{3325}{17}} = \frac{2625 + 17y}{3325}$$

$$19 \times 3325 = 2625 \times 15 + 15 \times 17y$$

$$255y = 23800$$

$$y = 93\frac{1}{3}.$$

Il faut ajouter 93 k. $\frac{1}{3}$ de plomb pour que le rapport des métaux soit $\frac{19}{15}$.

$$\frac{19}{15} = \frac{154\frac{7}{17} + 93\frac{1}{3}}{195\frac{10}{17}} = \frac{12635}{9975}.$$

242. La différence de deux nombres est 1 et la somme de leurs carrés 313 : on demande ces deux nombres.

Solution.

Le premier nombre étant x et le second y, l'énoncé du problème donne

$$x - y = 1, \quad x = 1 + y, \quad x^2 = 1 + 2y + y^2.$$

$$x^2 + y^2 = 313$$

$$1 + 2y + y^2 + y^2 = 313$$

$$2y^2 + 2y = 312$$

$$y^2 + y = 156$$

$$y = -\frac{1}{2} \pm \sqrt{\frac{624}{4} + \frac{1}{4}}$$

$$y = -\frac{1}{2} \pm \frac{25}{2}$$

$$y' = 12, \quad y'' = -13.$$

Les deux nombres demandés sont 12 et 13 ou — 12 et — 13

243. Un homme se charge de ramasser dans une heure 40 petites pierres placées sur une même ligne droite à 4 mètres l'une de l'autre, et de les porter successivement à 3 mètres de la première ; on demande le chemin que parcourra cet homme dans le temps qu'il s'est fixé.

Solution.

La première pierre se trouvant à 3 mètres du tas, pour l'aller chercher et la rapporter à l'endroit désigné, il faudra faire 6 mètres ; pour la seconde, comme elle est à 4 mètres de la première, il faudra faire 2 fois 4 mètres, plus 6 mètres ou 14 mètres ; pour aller chercher la troisième il faudra faire 14 mètres, plus 8 ou 22, etc. On voit que le chemin que devra faire cet homme pour ramasser toutes les pierres, forme une progression arithmétique dont le premier terme est 6, la raison 8 et le nombre des termes 40.

$$\div 6 . 14 . 22 . 30 . 38 . \text{etc.}$$

Nous servant de la formule

$$S = \frac{(a + l)\, n}{2}$$

et remplaçant les lettres par leurs valeurs, il vient

$$S = \frac{(6 + l)\, 40}{2} ;$$

mais

$$l = 6 + (40 - 1)\, 8$$
$$l = 6 + 39 \times 8 ;$$

donc

$$S = \frac{(6 + 6 + 39 \times 8)\, 40}{2} = 6480.$$

Cet homme fera dans le temps qu'il s'est fixé 6480 m.

244. On demande le rapport du volume d'un cylindre au volume d'une sphère inscrite dans ce cylindre.

Solution.

Volume cylindre ou $V = \pi R^2 H$; mais comme la sphère est inscrite dans le cylindre

$$H = 2R ;$$

d'où

$$V = \pi R^2 H = \pi R^2 \times 2R = 2\pi R^3$$

or, on sait que *volume sphère* ou $V' = \dfrac{4\pi R^3}{3}$;

donc

$$\frac{V}{V'} = \frac{2\pi R^3}{\dfrac{4\pi R^3}{3}} = \frac{6\pi R^3}{4\pi R^3} = \frac{3}{2}.$$

On voit que le volume de la sphère inscrite est les deux tiers de celui du cylindre.

245. Trouver deux capitaux, sachant que le premier placé à 5 0/0 pendant 7 mois, et le second à 4 0/0 pendant 3 mois ont rapporté ensemble 208 fr. 40 ; une autre fois les mêmes sommes placées aux mêmes taux ont rapporté ensemble 159 fr. 50 : on sait d'ailleurs que la première a été placée pendant 4 mois et la seconde pendant 5.

Solution.

Le premier capital étant x, son intérêt pendant 7 mois sera $\dfrac{5 \times x \times 7}{100 \times 12}$; le second capital étant y, son intérêt pendant 3 mois sera $\dfrac{3 \times y \times 4}{100 \times 12}$; d'où l'équation

$$\frac{35x}{1200} + \frac{12y}{1200} = 208,40.$$

La seconde fois le premier capital rapportera $\dfrac{5 \times x \times 4}{100 \times 12}$ et le second, $\dfrac{4 \times y \times 5}{100 \times 12}$; de là cette autre équation

$$\frac{20x}{1200} + \frac{20y}{1200} = 159,50.$$

Résolvant ces deux équations, on trouve que le premier capital est 5880 fr. et le second 3690 fr.

246. On demande le rapport du volume d'une sphère

au volume d'un cône ayant pour base le diamètre de
la sphère et pour hauteur son rayon.

Solution.

Le volume de la sphère ou $V = \dfrac{4\pi R^3}{3}$. Le rayon et la hauteur du

cône étant R, la surface de sa base sera πR^2, et son volume ou

$V' = \pi R^2 \times \dfrac{R}{3} = \dfrac{\pi R^3}{3}$; d'où

$$\frac{V}{V'} = \frac{\dfrac{4\pi R^3}{3}}{\dfrac{\pi R^3}{3}} = 4.$$

Le volume de la sphère est égal à 4 fois le volume du cône.

247. Deux nombres sont entre eux dans le rapport de
5 à 7 : on demande ces deux nombres, sachant d'ailleurs que leur produit est 315.

Solution.

Les nombres étant x et y, on a

$$\frac{x}{y} = \frac{5}{7}, \qquad x = \frac{5y}{7}.$$
$$xy = 315$$
$$\frac{5y}{7} \times y = 315$$
$$y = 21.$$

Les deux nombres sont 21 et 15.

248. Calculer le quarantième terme d'une progression
arithmétique dont le premier est 4 et la raison 3.

Solution.

Le dernier terme ou $l = 4 + 3 \times 39$
$$l = 121.$$

249. Trois fontaines coulent dans un même bassin, la
première coulant seule le remplirait en 5 heures, la
deuxième en 8 heures et la troisième en 12 heures : on
demande combien ces fontaines mettront de temps, coulant ensemble, pour remplir le même bassin.

Solution.

Soit x le temps cherché et 1 la capacité du bassin : la première remplit $\frac{1}{5}$ par heure, la deuxième $\frac{1}{8}$ et la troisième $\frac{1}{12}$. En x heures, la première remplira $\frac{x}{5}$, la deuxième $\frac{x}{8}$ et la troisième $\frac{x}{12}$, d'où (Alg., n° 67)

$$\frac{x}{5} + \frac{x}{8} + \frac{x}{12} = 1$$

$$\frac{24x}{120} + \frac{15x}{120} + \frac{10x}{120} = 1$$

$$x = 2\frac{22}{49}.$$

Les trois fontaines mettront 2 h. $\frac{22}{49}$ pour remplir le bassin.

250. Généraliser le problème précédent

Solution.

Désignons par c la capacité du bassin, et représentons par a, b et c le temps que chaque fontaine mettrait pour remplir le bassin si elle coulait seule. En faisant un raisonnement analogue à celui qui a été fait en algèbre, n° 75, on arrive à l'équation

$$\frac{c'x}{a} + \frac{c'x}{b} + \frac{c'x}{c} = c'$$

$$\frac{x}{a} + \frac{x}{b} + \frac{x}{c} = 1$$

$$\frac{bcx}{abc} + \frac{acx}{abc} + \frac{abx}{abc} = 1$$

$$bcx + acx + abx = abc$$

$$x(bc + ac + ab) = abc$$

$$x = \frac{abc}{bc + ac + ab}.$$

Cette expression fait connaître que trois fontaines coulant dans un même bassin mettront pour le remplir, en coulant ensemble, un temps égal au produit des trois temps donnés, divisé par la somme des combinaisons (Alg., n° 255) ou produits différents que l'on peut faire avec les trois temps donnés.

251. Trois associés veulent mettre 30000 fr. dans le commerce ; il manque au premier la $\frac{1}{2}$ de ce qu'a le deuxième pour pouvoir seul fournir les 30000 fr. ; le deuxième a besoin du $\frac{1}{4}$ de ce que possède le premier pour pouvoir donner les 30000 fr. ; enfin, il manque au troisième pour fournir la même somme les ⅔ de ce qu'a le deuxième. Les trois associés ont gagné 1800 francs : combien chaque associé a-t-il eu, si l'on a partagé les 1800 fr. proportionnellement à la mise de chacun?

Solution.

Si nous appelons x la portion du premier, y celle du deuxième et z celle du troisième, de l'énoncé du problème on tire aisément les trois équations suivantes

$$x + \frac{y}{2} = 30000$$

$$y + \frac{x}{3} = 30000$$

$$z + \frac{3y}{4} = 30000.$$

En résolvant ces trois équations, on trouve que

$$x = 18000, \quad y = 24000, \quad z = 12000.$$

Si l'on partage 1800 proportionnellement aux nombres 18000, 24000 et 12000 (Prob. 199), on trouve que le premier a eu 600 fr., le deuxième 800 fr. et le troisième 400 fr.

252. Deux fontaines coulant ensemble remplissent un bassin en 1 heure 52' 15" ; sachant que la première coulant seule le remplirait en 3 heures, on demande le temps que mettrait la seconde.

Solution.

Désignons par x le temps cherché. On sait (Alg., n° 75) que pour trouver le temps que mettent deux fontaines coulant ensemble pour remplir un bassin dont la capacité est quelconque, il faut diviser le produit des temps par leur somme. Nous basant sur ce principe, nous aurons

$$\frac{3x}{3 + x} = 1\,h.\,52'\,15''.$$

Si l'on réduit tout en secondes, il vient

$$\frac{10800x}{10800 + x} = 6735$$

$$10800x - 6735 \times 10800 + 6735x,$$

$$x = 17893\,\frac{197}{271}.$$

On trouve en heures 4 h. 58' 13" $\frac{197}{271}$.

253. La somme de deux nombres est 19, la somme de leurs carrés 185 : on demande ces deux nombres.

Solution.

Les nombres étant x et y, on a

$$x + y = 19, \qquad x = 19 - y,$$
$$x^2 + y^2 = 185 \qquad x^2 = 361 - 38y + y^2.$$
$$361 - 38y + y^2 + y^2 = 185$$
$$2y^2 - 38y = -176$$
$$y' = 11, \quad y'' = 8.$$

Les nombres demandés sont 11 et 8.

254. Un bassin reçoit de l'eau par trois tuyaux, le premier donne assez d'eau pour le remplir seul en 5 heures, le deuxième en 8 heures et le troisième en 12 heures : on demande au bout de combien de temps le bassin sera rempli, si les 3 tuyaux coulent en même temps, et s'il y a une ouverture au fond du bassin capable de le vider en 9 heures s'il était rempli.

Solution.

Appelons x le temps cherché. La capacité du bassin étant 1, dans une heure, il reçoit ce que les trois tuyaux donnent, moins ce que l'ouverture du fond laisse échapper, c'est à dire

$$\frac{1}{5} + \frac{1}{8} + \frac{1}{12} - \frac{1}{9}.$$

Dans le temps x, le bassin reçoit x fois plus, ou

$$\frac{x}{5} + \frac{x}{8} + \frac{x}{12} - \frac{x}{9},$$

et comme il est rempli dans ce même temps, on a

$$\frac{x}{5} + \frac{x}{8} + \frac{x}{12} - \frac{x}{9} = 1$$

$$x = 3 \text{ h. } 21' 52'' \frac{16}{107}.$$

255. Un réservoir laisse échapper de l'eau par deux ouvertures, la première pourrait le vider en 25 heures et la deuxième en 30 : s'il est rempli, combien ces deux

deux ouvertures coulant ensemble mettront-elles de temps pour le vider?

Solution.

Soit x le temps demandé, et 1 la capacité du réservoir. Les deux ouvertures laissent échapper dans une heure

$$\frac{1}{25}+\frac{1}{30};$$

et dans le temps x,

$$\frac{x}{25}+\frac{x}{30};$$

d'où

$$\frac{x}{25}+\frac{x}{30}=1$$

$$x = 13\text{ h. } 38'\ 11''\ \frac{9}{11}.$$

256. Trouver une formule pour diviser une ligne quelconque a en *moyenne et extrême raison.*

Solution.

Diviser une ligne en moyenne et extrême raison, c'est diviser cette ligne en deux parties telles que le carré de la plus grande soit égal au produit de la ligne entière par la plus petite. Cela étant dit, si nous appelons x la plus grande partie, la plus petite sera $a - x$, d'où

$$x^2 = a(a - x)$$

$$x^2 + ax = a^2$$

$$x = -\frac{a}{2} \pm \sqrt{a^2 + \frac{a^2}{4}}$$

$$x = -\frac{a}{2} \pm \sqrt{\frac{5a^2}{4}}$$

$$x = -\frac{a}{2} \pm \frac{\sqrt{5a^2}}{2}$$

$$x = \frac{-a \pm a\sqrt{5}}{2}$$

$$x = \frac{a(-1 + \sqrt{5})}{2};$$

$$x' = \frac{a(-1 - \sqrt{5})}{2}.$$

$$x' = \frac{a(-1+\sqrt{5})}{2}.$$

257. Appliquer cette formule à une ligne de 90 mètres.

Solution.

On a (Prob. précédent)

$$x = \frac{a(-1+\sqrt{5})}{2}.$$

Remplaçant a par sa valeur, il vient

$$x = \frac{90(-1+\sqrt{5})}{2}$$

$$x = \frac{90(-1+2,236)}{2}$$

$$x' = \frac{90(-1+2,236)}{2} = 55,62$$

$$x'' = \frac{90 \times -3,236}{2} = -145,62.$$

Le plus grand segment de la ligne aura 55 m. 62 et le plus petit 34 m. 38. La valeur de x'' ne peut être admise dans le problème donné.

258. On demande deux nombres tels que la somme de leurs carrés soit 313 et la différence des mêmes carrés 25.

Solution.

Appelant x et y les deux nombres demandés, l'énoncé du problème donne

$$x^2 + y^2 = 313$$
$$x^2 - y^2 = 25, \qquad x^2 = 25 + y^2.$$
$$25 + y^2 + y^2 = 313$$
$$y^2 = 144$$
$$y = 12,$$
$$x = 13.$$

259. Deux nombres sont entre eux comme 5 est à 6, la somme de leurs carrés égale 244 : quels sont ces nombres?

Solution.

Les nombres étant x et y, on a

$$\frac{x}{y} = \frac{5}{6}, \qquad x = \frac{5y}{6}, \qquad x^2 = \frac{25y^2}{36}.$$

$$x^2 + y^2 = 244$$
$$\frac{25y^2}{36} + y^2 = 244$$
$$25y^2 + 36y^2 = 244 \times 36$$
$$y = 12,$$
$$x = 10.$$

260. Déterminer le volume d'un prisme hexagonal dont la hauteur est de 5 mètres et le côté de l'hexagone 2 mètres.

Solution.

Le volume d'un prisme s'obtient en multipliant la surface de sa base par sa hauteur. La base du prisme dont il s'agit étant un hexagone peut se décomposer en six triangles équilatéraux égaux. Or, on sait (Prob. 183) que la surface d'un triangle équilatéral dont le côté est a, égale $\frac{a^2\sqrt{3}}{4}$; mais dans le problème donné $a = 2$, la surface d'un des triangles de l'hexagone est donc $\frac{2 \times 2\sqrt{3}}{4} = \sqrt{3}$, et la surface entière de l'hexagone sera par conséquent $6 \times \sqrt{3}$ = 10 m. c. 392.

Le volume demandé est donc égal à 5 × 10,392 = 51 m. cub. 960.

261. La somme de deux nombres est 13, la somme de leurs racines carrées 5 : on demande ces deux nombres.

Solution.

Si l'on désigne les nombres par x et y, on a

$$x + y = 13$$
$$\sqrt{x} + \sqrt{y} = 5, \quad (\sqrt{x} + \sqrt{y})^2 = 25 = x + 2\sqrt{x}\sqrt{y} + y.$$
$$x + 2\sqrt{x}\sqrt{y} + y = 25;$$

mais

$$x + y = 13,$$

donc

$$13 + 2\sqrt{x}\sqrt{y} = 25$$
$$2\sqrt{x}\sqrt{y} = 12$$
$$\sqrt{x}\sqrt{y} = 6$$
$$xy = 36$$
$$x + y = 13$$
$$x = 13 - y$$

$$y(13 - y) = 36$$
$$y = 4,$$
$$x = 9.$$

262. Un vase cylindrique peut contenir 600 litres : quel est le diamètre de la base si la hauteur est 0^m80?

Solution.

Volume du cylindre ou $V = \pi R^2 H$; remplaçant les lettres par leurs valeurs, il vient, en prenant le décimètre pour unité,

$$600 = 3,1416 \times R^2 \times 8$$
$$R^2 = \frac{600}{3,1416 \times 8}$$
$$R = 4 \text{ décimètres } 8.$$

Le diamètre de la base $= 4,8 \times 2 = 9,6$.

263. Sachant que les capitaux 57450 fr. et 84250 fr. ont rapporté ensemble 5400 fr. dans un an et que la différence de leurs intérêts est 345 fr., on demande à quels taux ils étaient placés.

Solution.

Le taux du premier capital étant x et le taux du second y, l'intérêt du premier capital sera $\dfrac{57450x}{100}$, et l'intérêt du second $\dfrac{84250y}{100}$:

d'où les deux équations

$$\frac{57450x}{100} + \frac{84250y}{100} = 5400$$
$$\frac{57450x}{100} - \frac{84250y}{100} = 345$$
$$57450x + 84250y = 540000$$
$$57450x - 84250y = 34500$$
$$114900x = 574500$$
$$x = 5, \qquad y = 3.$$

264. Déterminer les trois côtés d'un triangle rectangle, sachant que leur somme est 30, et que la différence entre l'un d'eux et l'hypoténuse est 8.

Solution.

Appelant x l'hypoténuse du triangle rectangle, y et z les deux autres côtés, l'énoncé du problème donne d'abord:

$$(1) \quad x + y + z = 30$$
$$(2) \quad x - y = \ldots$$

La propriété du triangle rectangle fournit encore cette autre équation

$$x^2 = z^2 + y^2$$
$$x^2 - y^2 = z^2$$
$$(x + y)(x - y) = z^2;$$

mais on a

$$x - y = 8, \text{ donc}$$
$$8(x + y) = z^2$$
$$x + y = \frac{z^2}{8}.$$

Ajoutant membre à membre cette dernière équation avec l'équation (2), on obtient

$$(3) \qquad 2x = \frac{z^2}{8} + 8.$$

Si l'on additionne aussi membre à membre les équations (1) et (2), il vient

$$(4) \qquad 2x + z = 38.$$

Remplaçant $2x$ par la valeur trouvée, équation (3), on a

$$\frac{z^2}{8} + 8 + z = 38$$
$$z^2 + 64 + 8z = 304$$
$$z^2 + 8z = 240$$
$$z = -4 \pm \sqrt{256}$$
$$z = 12$$

La valeur de z dans l'équation (4) fait connaître que

$$x = 13.$$

Des valeurs de x et de z, on déduit

$$y = 5.$$

265. **Trois fontaines coulent dans un même bassin; la première et la deuxième en coulant ensemble le rempliraient en 8 heures, la première et la troisième en 9 heures, enfin les deux dernières en 10 heures : on demande le temps que chacune mettrait pour remplir le bassin, si elle coulait seule.**

Solution.

Si l'on désigne par x, y et t les temps demandés et que l'on se reporte au problème des fontaines généralisé en algèbre, ainsi qu'à ce que nous avons dit problème 2[illegible]2, on aura les trois équations

$$(1) \quad \frac{xy}{x + y} = 8, \qquad (4) \quad xy = 8x + 8y.$$

6

$$(2) \quad \frac{xt}{x+t} \quad 9$$

$$3 \quad \frac{ty}{y} \quad 10.$$

Si l'on prend dans l'équation (3) la valeur de y et qu'on la porte dans l'équation (4), il viendra

$$\frac{10xt}{t-10} \quad \frac{80t}{t-10} + 8x$$

$$10xt \quad 80t \quad 8xt \quad 80x$$

$$2xt \quad 80t \quad 80x$$

$$(5) \quad xt \quad 40t \quad 40x.$$

En prenant la valeur de t dans l'équation 2, et en la portant dans cette dernière, on a

$$\frac{9x^2}{x-9} \quad \frac{360x}{x-9} \quad 40x$$

$$49x^2 \quad 720x$$

$$x \quad 14\frac{34}{49}$$

Il est évident qu'on ne peut admettre (Alg., n° 159)

$$x \quad 0.$$

La valeur de x dans l'équation 5 donne

$$t \quad 23\frac{7}{31}.$$

La valeur de t ou de x donne

$$y \quad 17\frac{23}{44}.$$

La première fontaine coulant seule mettrait 14 h. $\frac{34}{49}$ pour remplir le bassin, la deuxième 17 h. $\frac{23}{44}$ et la troisième, 23 h. $\frac{7}{31}$.

266. Deux capitaux placés aux mêmes taux montent ensemble à 7955 fr. : le premier placé une première fois pendant 3 mois, et le second pendant 4 ont rapporté un intérêt total de 113 fr. 75; une seconde fois la différence de leurs intérêts a été de 55 francs : on sait d'ailleurs, cette fois, que le premier a été placé pendant 9 mois et le second pendant 8 : quels sont les deux capitaux et le taux d'intérêt?

Solution

L'un des capitaux étant désigné par x, l'autre sera $7955 - x$.

Le taux étant inconnu aussi, appelons-le y. Pour abréger les calculs, nous remplacerons toutes les données de la question par des lettres, et nous poserons

$$795 = c, \qquad 113,75 = i, \qquad 55 = i',$$
$$3 = t, \qquad 4 = t', \qquad 9 = T, \qquad 8 = T'.$$

On sait (Prob. 174, 189, etc.) que pour trouver l'intérêt rapporté par un certain capital, il faut multiplier le capital par le taux, par le temps, et diviser le produit par 100 (dans le problème qui nous occupe, le temps est $\frac{3}{12}$ ou $\frac{t}{12}$, $\frac{4}{12}$ ou $\frac{t'}{12}$, etc.); donc on aura

$$\frac{ty(c-x)}{1200} + \frac{t'yx}{1200} = i$$
$$\frac{Ty(c-x)}{1200} + \frac{T'yx}{1200} = i'.$$

Si nous faisons aussi $1200 = d$, il viendra

$$\frac{ty(c-x)}{d} + \frac{t'yx}{d} = i$$
$$\frac{Ty(c-x)}{d} + \frac{T'yx}{d} = i'.$$
$$(1) \qquad cty - tyx + t'yx = di$$
$$(2) \qquad cTy - Tyx + T'yx = di'.$$

Tirant la valeur de x de l'équation (1), on a

$$x = \frac{di - cty}{t'y - ty}.$$

Portant la valeur de x dans l'équation (2), il vient

$$cTy - \frac{Ty(di - cty)}{t'y - ty} + \frac{T'y(di - cty)}{t'y - ty} = di'.$$

Si nous multiplions tous les termes par $t'y - ty$, nous aurons

$$ct'Ty^2 - ctTy^2 - diTy + ctTy^2 + diT'y - ctT'y^2 = di't'y - di'ty;$$

ou, en supprimant toutes les quantités qui se détruisent,

$$ct'Ty^2 - diTy + diT'y - ctT'y^2 = di't'y - di'ty$$
$$ct'Ty^2 - diTy + diT'y - ctT'y^2 - di't'y + di'ty = 0$$
$$y(ct'Ty - diT + diT' - ctT'y - di't' + di't) = 0;$$

$y = 0$ (Alg., n° 139), n'ayant aucune signification dans ce problème, on a

$$ct'Ty - diT + diT' - ctT'y - di't' + di't = 0$$
$$ct'Ty - ctT'y = diT - diT' + di't' - di't$$

$$y = \frac{d[i(T + T') + i'(t' - t)]}{c(tT + t'T')}.$$

Si l'on remplace les lettres par leurs valeurs, on trouve

$$y = 5.$$

La valeur de y substituée dans l'équation (1) fait connaître que

$$x = 3435.$$

L'un des capitaux étant 3435 fr., l'autre sera 4520 fr.

267. Trouver la somme des termes d'une progression arithmétique et le dernier, sachant qu'il y a 38 termes dans cette progression, que le premier est 1 et la raison 2.

Solution.

Nous ferons usage des formules

$$S = \frac{(a + l)n}{2},$$

$$l = a + r(n - 1),$$

trouvées en algèbre. Si l'on substitue aux lettres leurs valeurs, il vient

$$S = \frac{(1 + l)38}{2}$$

$$l = 1 + 2(38 - 1) = 75$$

$$S = \frac{(1 + 75)38}{2} = 1444.$$

On trouve 1444 pour la somme des termes de la progression et 75 pour le dernier.

268. Quelle somme faut-il placer à 5 0/0 au commencement de chaque année, pour avoir au bout de 3 ans 1655 fr. 0625? On aura égard aux intérêts composés.

Solution.

Pour résoudre ce problème, nous nous servirons de la formule (Alg., nº 259).

$$A = \frac{a(1 + r)[(1 + r)^n - 1]}{r},$$

dans laquelle l'inconnue est a,

$$Ar = a(1 + r)^{n+1} - a(1 + r)$$

$$Ar = a[(1 + r)^{n+1} - (1 + r)]$$

$$a \frac{Ar}{(1+r)^n-1} \cdot (1+r)$$

Remplaçant les lettres par leurs valeurs, on a

$$a \frac{1635,0625 \cdot 0,05}{(1,05)^{3+1}-1,05} \quad 500.$$

Il faudra placer 500 fr. au commencement de chaque année.

269. Calculer la somme des termes d'une progression arithmétique et le premier, sachant que le dernier est 75, la raison 2, et qu'il y a 38 termes dans la progression.

Solution.

Nous nous servirons des formules

$$S \frac{(a+l)n}{2},$$

$$l = a + (n-1)\,r.$$

Remplaçant les lettres par leurs valeurs, il vient

$$S = \frac{(a+75)\,38}{2}$$
$$75 = a + 2\,(38-1)$$
$$a = 1$$
$$S = \frac{(1+75)\,38}{2} = 1444.$$

270 Une personne place 4000 fr. dans le commerce : on demande ce que cette somme deviendra au bout de 10 ans, sachant que chaque année elle augmente de $\frac{1}{12}$.

Solution.

Pour abréger faisons $4000 = a$. A la fin de la première année cette personne aura $a +$ le $\frac{1}{12}$ de a, ou $a + \frac{a}{12} \quad a\left(1+\frac{1}{12}\right)$ $= a\left(\frac{13}{12}\right)$. Posons $a\left(\frac{13}{12}\right) = b$. A la fin de la seconde année b devient $b + \frac{b}{12} = b\left(1+\frac{1}{12}\right) = b\left(\frac{13}{12}\right)$. Remplaçant b par sa valeur, on obtient $a\left(\frac{13}{12}\right)\frac{13}{12} = a\left(\frac{13}{12}\right)^2$. Telle est la somme que possédera la personne à la fin de la seconde année, ou au commen-

b.

cement de la troisième. Désignons $a\left(\frac{13}{12}\right)$ par c. A la fin de la troisième année, on a $c + \frac{c}{12} = c\left(\frac{13}{12}\right)$. Si l'on substitue à c sa valeur, il viendra $a\left(\frac{13}{12}\right)\left(\frac{13}{12}\right) = a\left(\frac{13}{12}\right)^{3}$. En continuant le même raisonnement, on trouve que cette personne aura, au bout de 10 ans, $a\left(\frac{13}{12}\right)^{10}$.

En nommant x la somme cherchée, nous aurons

$$x = a\left(\frac{13}{12}\right)^{10} = 4000\left(\frac{13}{12}\right)^{10}.$$

$$\log x = \log 4000 + 10(\log 13 - \log 12) = 3,94966.$$

Ce logarithme répond au nombre 8905,66. Cette personne aura 8905 fr. 66.

271. Une ville trop sujette aux inondations est petit à petit abandonnée par ses habitants : on demande ce qu'elle en aura encore après 12 ans, si elle en possède 20000 aujourd'hui, et qu'il en parte chaque année $\frac{1}{10}$.

Solution.

Faisons $20000 = a$. Après un an, la ville ne possédera plus que $a - \frac{a}{10} = a\left(1 - \frac{1}{10}\right) = a\left(\frac{9}{10}\right)$. Posons $a\left(\frac{9}{10}\right) = c$; au bout de deux ans la ville aura encore $c - \frac{c}{10} = c\left(1 - \frac{1}{10}\right) = c\left(\frac{9}{10}\right)$. Remplaçant c par sa valeur, il vient $a\left(\frac{9}{10}\right)\left(\frac{9}{10}\right) = a\left(\frac{9}{10}\right)^{2}$. Si l'on continue le même raisonnement, on trouvera que la ville après 12 ans n'aura plus qu'une population exprimée par la fraction $a\left(\frac{9}{10}\right)^{12} = 20000\left(\frac{9}{10}\right)^{12}$. Désignant par x la population cherchée, on a

$$x = 20000\left(\frac{9}{10}\right)^{12}$$

$$\log x = \log 20000 + 12(\log 9 - \log 10)$$
$$\log x = 4,3010 + 12 \times 1,95424 = 3,75191 \text{ (Alg., n° 244)}.$$

Ce logarithme répond à peu près à 5648. Après 12 ans la ville n'aurait plus que 5648 habitants.

272 Trouver le nombre des termes d'une progression arithmétique et la raison, sachant que la somme des termes est 1444, le premier 1 et le dernier 75.

Solution.

Pour résoudre ce problème, nous nous servirons des deux formules

$$S = \frac{(a+l)n}{2},$$

$$l = a + r(n-1),$$

dans lesquelles les inconnues sont n et r. Substituant aux lettres leurs valeurs, il vient

$$1444 = \frac{(1+75)n}{2}$$

$$75 = 1 + r(n-1)$$

$$1444 = \frac{76n}{2}$$

$$n = 38.$$

La valeur de n fait connaître que

$$r = 2.$$

273. On demande le premier terme et la raison d'une progression arithmétique, sachant que la somme des termes est 1444, le dernier 75 et qu'il y en a 38.

Solution.

On sait que

$$S = \frac{(a+l)n}{2}$$

$$l = a + r(n-1).$$

Remplaçant les lettres par leurs valeurs, on a

$$1444 = \frac{(a+75)38}{2}$$

$$75 = a + r(38-1)$$

$$1444 = \frac{(a+75)38}{2}$$

$$1444 = (a+75)19$$

$$a = 1$$

$$75 = 1 + 37r$$

$$r = 2$$

274. Deux nombres diffèrent de 3 unités, leurs cubes diffèrent de 117 : quels sont ces deux nombres?

Solution.

Appelant x et y les nombres dont il s'agit, l'énoncé du problème donne

$$x - y = 3$$
$$x^3 - y^3 = 117$$
$$x = 3 + y$$
$$x^3 = (3 + y)^3 = 27 + 27y + 9y^2 + y^3$$
$$27 + 27y + 9y^2 + y^3 - y^3 = 117$$
$$27y + 9y^2 = 90$$
$$y^2 + 3y = 10$$
$$y = 2.$$

La valeur de y donne

$$x = 5.$$

275. Trouver la somme et le nombre des termes d'une progression arithmétique, sachant que le premier est 1, le dernier 88 et la raison 3.

Solution.

Si, dans les équations

$$S = \frac{(a + l) n}{2},$$

$$l = a + r (n - 1),$$

l'on substitue aux lettres leurs valeurs, on aura

$$S = \frac{(1 + 88) n}{2}$$
$$88 = 1 + 3 (n - 1)$$
$$87 = 3n - 3$$
$$n = 30.$$

La valeur de n dans la première équation donne

$$S = 1335.$$

276. On demande le premier terme d'une progression arithmétique et le nombre des termes qu'elle renferme, sachant que la raison est 3, la somme des termes 1335 et le dernier 88.

Solution.

Nous avons à résoudre les équations

$$(1) \quad S = \frac{(a + l) n}{2},$$

$$(2) \quad l = a + r(n - 1),$$

par rapport à a et à n

$$l = a + rn - r$$
$$(3) \quad a = l - rn + r.$$

La valeur de a dans l'équation (1) donne

$$S = \frac{(l + rn + r + l)n}{2}$$
$$2S = 2ln + rn^2 + rn$$
$$rn^2 - (2l + r)n = -2S$$
$$n = \frac{2l + r + \sqrt{8rS + (2l + r)^2}}{2r}$$

Remplaçant les lettres par leurs valeurs, on a

$$n = \frac{179 + 1}{6} = 30.$$

La valeur de n dans l'équation (3) donne

$$a = 1.$$

277. Connaissant la surface d'un triangle équilatéral, trouver la surface du cercle circonscrit à ce triangle

Solution.

L'inconnue est R, ou le rayon du cercle. Appelant a le côté du triangle équilatéral ABC, h sa hauteur et s sa surface, on a (Prob. 185)

$$s = \frac{a^2 \sqrt{3}}{4},$$
$$h = \frac{a \sqrt{3}}{2}.$$

Cherchons à déterminer R en fonction de la hauteur h. Il est facile de voir que CM est le côté de l'hexagone inscrit, par conséquent

$$CM = R;$$

mais on a aussi CO = R. Les obliques CM et CO étant égales s'écartent également du pied de la perpendiculaire CH; donc

$$HM = HO = \frac{R}{2}.$$ Comme AO est aussi un rayon, on a AO ou R $= 2HO$. La hauteur AH étant HO + 2HO égale donc 3HO, et comme

R = 2HO, il s'ensuit que le rayon est les $\frac{2}{3}$ de AH ; or, on a fait

$AH = h = \frac{a\sqrt{3}}{2}$, par conséquent

$$R = h \times \frac{2}{3} = \frac{a\sqrt{3}}{2} \times \frac{2}{3} = \frac{a\sqrt{3}}{3}.$$

La surface du cercle circonscrit sera donc

$$\pi R^2 = \pi\left(\frac{a\sqrt{3}}{3}\right)^2 = \frac{3\pi a^2}{9} = \frac{\pi a^2}{3}.$$

Déterminons maintenant a^2,

$$s = \frac{a^2\sqrt{3}}{4}$$

$$a^2 = \frac{4s}{\sqrt{3}} = \frac{4s}{\sqrt{3}} \times \frac{\sqrt{3}}{\sqrt{3}} = \frac{4s\sqrt{3}}{3}.$$

Portant la valeur de a^2 dans l'expression $\frac{\pi a^2}{3}$ il vient

$$\frac{\pi a^2}{3} = \frac{\pi}{3} \times \frac{4s\sqrt{3}}{3} = \frac{4\pi s\sqrt{3}}{9}.$$

Telle est l'expression de la surface d'un cercle circonscrit à un triangle équilatéral de surface donnée.

278. La petite fortune d'une personne augmente tous les ans de $\frac{1}{12}$ pendant 10 années consécutives, et devient 8905 fr. 60 : on demande la fortune primitive.

Solution.

Si nous désignons la fortune par x, on a (Prob. 270)

$$8905{,}60 = x\left(\frac{13}{12}\right)^{10}$$

$$\log 8905{,}60 = \log x + 10(\log 13 - \log 12)$$

$$\log x = \log 8905{,}60 - 10(\log 13 - \log 12)$$

$$\log x = 3{,}60206.$$

Ce logarithme répond au nombre 4000.

279. Trouver le volume d'un tétraèdre, connaissant l'arête a.

Solution.

Les faces du tétraèdre étant des triangles équilatéraux, la base en sera un aussi, sa surface sera donc (Prob. 183)

$$\frac{a^2\sqrt{3}}{4}.$$

Cherchons à déterminer sa hauteur. Cette hauteur tombera au centre du cercle circonscrit à la base; mais avec l'arête du tétraèdre et le rayon du cercle elle formera un triangle rectangle, de sorte qu'on aura

$$h^2 = a^2 - R^2;$$

or (Prob. 277)

$$R = \frac{a\sqrt{3}}{3}, \quad \text{et } R^2 = \frac{a^2}{3}, \text{ donc}$$

$$h^2 = a^2 - \frac{a^2}{3} = \frac{3a^2}{3} - \frac{a^2}{3} = \frac{2a^2}{3}$$

$$h = \frac{\sqrt{2a^2}}{\sqrt{3}} = \frac{a\sqrt{2}}{\sqrt{3}}.$$

Le volume demandé étant désigné par V, on a

$$V = \frac{a^2\sqrt{3}}{4} \times \frac{a\sqrt{2}}{3\sqrt{3}} = \frac{a^3\sqrt{3}\sqrt{2}}{12\sqrt{3}} = \frac{a^3\sqrt{2}}{12}.$$

280. Une personne qui possède 4000 francs voit tous les ans augmenter sa petite fortune, de sorte qu'au bout de 10 ans elle a 8905 fr. 60 : on demande de quelle fraction sa fortune augmente chaque année.

Solution.

Appelant $\frac{1}{x}$ la fraction dont il s'agit, on aura (Prob. 270 et 278)

$$8905{,}60 = 4000\left(\frac{x+1}{x}\right)^{10} = 4000\left(1+\frac{1}{x}\right)^{10}$$

$$\log 8905{,}60 = \log 4000 + 10 \log\left(1+\frac{1}{x}\right)$$

$$\log\left(1+\frac{1}{x}\right) = \frac{\log 8905{,}60 - \log 4000}{10} = 0{,}03476.$$

Ce logarithme correspond au nombre 1,083325, de sorte que

$$1+\frac{1}{x} = 1{,}083325$$

$$\frac{1}{x} = 0,083325$$

$$x = \frac{1}{0,083325} = 12 \text{ environ.}$$

Ainsi, tous les ans la fortune augmentait de $\frac{1}{12}$.

281. Trouver le dernier terme et la raison d'une progression arithmétique dont le nombre des termes est 30, la somme 1335 et le premier 1.

Solution.

Si l'on résout les deux équations

$$(1) \qquad S = \frac{(a+l)n}{2}$$

$$(2) \qquad l = a + r(n-1),$$

par rapport à l et à r, on aura successivement

$$S = \frac{(a+l)n}{2}$$

$$\frac{2S}{n} = a + l$$

$$l = \frac{2S}{n} - a.$$

Substituant aux lettres leurs valeurs, on a

$$l = \frac{2 \times 1335}{30} - 1 = 88.$$

La valeur de l dans l'équation (2) fait connaître que

$$r = 3.$$

282. Chercher le dernier terme d'une progression arithmétique et le nombre des termes qu'elle renferme, sachant que la raison est 3, la somme des termes 1335 et le premier 1.

Solution.

On a à résoudre les deux équations

$$S = \frac{(a+l)n}{2},$$

$$l = a + r(n-1),$$

par rapport à l et à n.

Portant la valeur de l dans la première équation, on a

$$S = \frac{[a + a + r(n - 1)]n}{2}$$

$$S = \frac{(2a + rn - r)n}{2}$$

$$2S = 2an + rn^2 - rn$$

$$rn^2 + (2a - r)n = 2S$$

$$n = \frac{-(2a - r) + \sqrt{8rS + (2a - r)^2}}{2r}$$

Remplaçant les lettres par leurs valeurs, il vient

$$n = \frac{-(-1) + 179}{6} = \frac{180}{6} = 30.$$

La valeur de n donne

$$l = 88.$$

283. Après combien d'années une somme de 4000 fr placée dans le commerce est-elle devenue 8905 fr. 60, sachant que chaque année elle a augmenté de $\frac{1}{12}$?

Solution.

D'après le problème 270, on a

$$8905{,}60 = 4000\left(\frac{13}{12}\right)^n;$$

$$\log 8905{,}60 = \log 4000 + n(\log 13 - \log 12)$$

$$n = \frac{\log 8905{,}60 - \log 4000}{\log 13 - \log 12} = 10.$$

284. Trouver la somme des termes d'une progression arithmétique et la raison, sachant que le premier terme est 1, le dernier 88, et qu'il y en a 30 dans la progression.

Solution.

On sait que

$$S = \frac{(a + l)n}{2}$$

$$l = a + r(n - 1).$$

Substituant aux lettres leurs valeurs, on a

$$S = \frac{(1 + 88)30}{2r} = 1335$$

$$88 = 1 + 29r$$

$$r = 3.$$

285. Calculer les quatre termes d'une proportion par

quotient, sachant : 1º que le premier terme surpasse le deuxième de 4; 2º que le troisième surpasse le quatrième de 3; 3º que la somme des carrés des quatre termes égale 62,5.

Solution.

Le premier terme étant x, le second sera $x - 4$; le troisième étant y, le quatrième sera $y - 3$, et on aura

$$(1) \qquad \frac{x}{x-4} = \frac{y}{y-3};$$

d'un autre coté, l'énoncé du problème donne

$$x^2 + (x-4)^2 + y^2 + (y-3)^2 = 62,5$$
$$x^2 + x^2 - 8x + 16 + y^2 + y^2 - 6y + 9 = 62,5$$
$$(2) \qquad 2x^2 - 8x + 2y^2 - 6y = 37,5;$$

mais

$$\frac{x}{x-4} = \frac{y}{y-3}$$

donne

$$xy - 3x = xy - 4y$$
$$3x = 4y$$
$$x = \frac{4y}{3}$$
$$x^2 = \frac{16y^2}{9}.$$

Portant les valeurs de x et de x^2 dans l'équation (2), on obtient

$$\frac{32y^2}{9} - \frac{32y}{3} + 2y^2 - 6y = 37,5$$
$$32y^2 - 96y + 18y^2 - 54y = 337,5$$
$$50y^2 - 150y = 337,5$$
$$2y^2 - 6y = 13,5$$
$$y = \frac{6 + \sqrt{8 \times 13,5 + 36}}{4}$$
$$y = 4,5.$$

Si le troisième terme est 4,5, le quatrième sera

$$4,5 - 3 = 1,5.$$

Ces valeurs donneront dans l'équation (1)

$$\frac{x}{x-4} = \frac{4,5}{1,5}$$
$$x = 6.$$

Si le premier terme est 6, le second sera 2. Les quatre termes sont donc

$$6, \qquad 2, \qquad 4,5, \qquad 1,5.$$

286. Dans un hectolitre de vin on prend, à 30 fois consécutives, 1 litre qu'on remplace par 1 d'eau : on demande ce qu'il restera de vin dans l'hectolitre après avoir pris le trentième litre.

Solution.

La première fois la personne prenant 1 litre de vin, il en reste 99 ; la seconde fois elle prend donc le $\frac{1}{100}$ de 99, ou $\frac{99}{100}$; la troisième fois elle prend le $\frac{1}{100}$ de ce qui reste en vin, ou le $\frac{1}{100}$ de $100 - 1 - \frac{99}{100}$

$$= \frac{9801}{10000} = \frac{99 \times 99}{100 \times 100} = \left(\frac{99}{100}\right)^2 ;$$ la quatrième fois elle prend le $\frac{1}{100}$ de ce qui reste, ou le $\frac{1}{100}$ de $100 - 1 - \frac{99}{100} - \frac{9801}{10000}$

$$= \frac{970299}{1000000} = \frac{99 \times 99 \times 99}{100 \times 100 \times 100} = \left(\frac{99}{100}\right)^3.$$ Nous pourrions faire la même recherche pour la cinquième, sixième, septième, etc., fois, mais par analogie nous pouvons conclure que la trentième fois, la personne prendra une quantité de vin exprimée par la fraction $\left(\frac{99}{100}\right)^{29}.$

Pour trouver ce que cette personne prendra en tout on fera la somme des différentes quantités

$$1, \quad \frac{99}{100}, \quad \left(\frac{99}{100}\right)^2, \quad \left(\frac{99}{100}\right)^3, \quad \ldots \quad \left(\frac{99}{100}\right)^{29}$$

mais, comme on le voit, ces quantités forment une progression géométrique décroissante composée de 30 termes : le premier est 1, la raison $\frac{99}{100}$ et le dernier $\left(\frac{99}{100}\right)^{29}.$

Si dans la formule

$$S = \frac{a - lr}{1 - r}$$

on remplace les quantités par leurs valeurs, il viendra

$$S \quad \frac{1 - \left(\frac{99}{100}\right)^{29} \times \frac{99}{100}}{1 - \frac{99}{100}} = \frac{1 - \left(\frac{99}{100}\right)^{30}}{1 - \frac{99}{100}} .$$

$$30 (\log 99 - \log 100) = - 0.13080$$
$$0,13080 \quad 1,86920,$$

Le logarithme 1,86920 correspondant au nombre 0,73995, on a donc

$$S = \frac{1 - 0,73995}{0,01} = 26 \; l. \; 005.$$

Il restera dans l'hectolitre 73 l. 995 de vin.

287. Une personne qui possède 20000 francs fait une mauvaise entreprise dans laquelle elle perd tous les ans $\frac{1}{10}$: au bout de combien d'années n'aura-t-elle plus que 5648 fr. ?

Solution.

D'après le problème 271 en appelant n le nombre d'années dont il s'agit, nous aurons

$$20000 \left(\frac{9}{10} \right)^{n} = 5648$$

$$\log 20000 + n(\log 9 - \log 10) = \log 5648$$

$$n = \frac{\log 5648 - \log 20000}{\log 9 - \log 10}$$

Les deux termes de cette fraction sont négatifs, le quotient du numérateur par le dénominateur sera par conséquent positif. On trouve $n = 12$.

On apprend en physique que le poids d'un corps est égal au produit de son volume par sa densité : de là la formule

$$P = VD.$$

Cette équation peut être résolue par rapport à l'une quelconque des quantités P, V, D.

$$V = \frac{P}{D}$$

$$D = \frac{P}{V}.$$

288. On demande le volume d'une masse de plomb pesant 250 k. : la densité de ce métal est 11,35.

Solution.

Faisant usage de la formule

$$V = \frac{P}{D}$$

et en plaçant les lettres par leurs valeurs, on a

$$V = \frac{250}{11,35} = \frac{250,0}{11,35}$$

$$V = 22,026 = \frac{6}{227}.$$

289. Chercher le poids de 750 décimètres cubes de fonte, sachant que la densité de ce corps est 7,05.

Solution.

Si dans la formule

$$P = VD$$

on substitue aux lettres leurs valeurs, il vient

$$P = 750 \times 7,05 = 5287\,\text{k}.5.$$

290. Un corps a un volume de 4 décimètres cubes et pèse 25 kilogr. : quelle est sa densité?

Solution.

En nous servant de la formule

$$D = \frac{P}{V},$$

on obtient, en remplaçant les lettres par leurs valeurs,

$$D = \frac{25}{4} = 6,25.$$

291. La formule du pendule est $t = \pi \sqrt{\dfrac{l}{g}}$: résoudre cette équation par rapport à l.

Solution.

$$t = \pi \sqrt{\frac{l}{g}}$$

$$t^2 = \frac{\pi^2 l}{g}$$

$$l = \frac{g t^2}{\pi^2}.$$

Les deux formules

$$v = g t,$$

$$e = \frac{g t^2}{2}$$

correspondent à ces deux lois relatives à la chute des corps.

1° La vitesse acquise par un corps qui tombe dans le vide, croît proportionnellement au temps pendant lequel il est tombé.

2° Les espaces parcourus par un corps qui tombe dans le vide, sont proportionnels aux carrés des temps employés à les parcourir.

Connaissant trois des quatre quantités v, g, t, e, on peut toujours déterminer la quatrième.

v représente la vitesse d'un corps après un nombre quelconque

; de secondes; g est la vitesse acquise par un corps au bout d'une seconde; enfin, e représente l'espace parcouru par un corps après t secondes : g vaut à Paris 9 m. 8088.

292 On demande l'espace que parcourrait un corps en 20 secondes tombant dans le vide, à Paris.

Solution.

Nous ferons usage de la formule

$$e = \frac{g t^2}{2},$$

Si l'on substitue aux lettres leurs valeurs, on obtient

$$e = \frac{9,8088 \times 20 \times 20}{2} = 1961^m 76$$

293. Quel temps un corps tombant dans le vide mettrait-il pour parcourir une hauteur de 400 mètres?

Solution.

En remplaçant dans la formule

$$e = \frac{g t^2}{2}$$

les lettres par leurs valeurs, il vient

$$400 = \frac{9,8088 \times t^2}{2}$$

$$t^2 = \frac{800}{9,8088}$$

$$t = \sqrt{\frac{800}{9,8088}} = 9 \text{ secondes environ.}$$

294. Un corps a déjà parcouru dans le vide un espace de 6000 mètres : quelle vitesse a-t-il acquise?

Solution.

Dans la formule

$$v = g t,$$

on a

$$t^2 = \frac{v^2}{g^2}.$$

Portant la valeur de t^2 dans la formule

$$e = \frac{g t^2}{2},$$

il vient

$$e = \frac{g}{2} \times \frac{v^2}{g^2} = \frac{v^2}{2g}.$$

Si nous résolvons cette dernière équation par rapport à v, nous aurons

$$v = \sqrt{2ge} \; ;$$

remplaçant les lettres par leurs valeurs, on obtient

$$v = 343^{m} \text{ environ.}$$

Ce corps aurait une vitesse capable de lui faire parcourir 343 mètres par seconde

295. Trouver la profondeur d'un puits au fond duquel une pierre se fait entendre 3 secondes après l'instant où on la laisse tomber. On sait d'ailleurs que le son parcourt 337 mètres par seconde.

Solution.

Les 3 secondes se composent du temps que la pierre met à tomber, et du temps que le bruit qu'elle fait en frappant au fond du puits, met pour revenir à l'oreille de l'observateur. Si nous appelons x le premier temps, le second sera $3 - x$. Désignant par e la profondeur du puits, on a d'abord

$$(1) \qquad e = \frac{g x^2}{2}.$$

Dans la formule $e = \dfrac{g t^2}{2}$ on a remplacé t^2 par x^2. Comme le son parcourt 337 mètres par seconde, l'espace e est encore égal au temps $(3 - x) \times 337$, d'où

$$(2) \qquad e = (3 - x)\,337.$$

Avec les deux valeurs de e nous aurons l'équation

$$\frac{g x^2}{2} = (3 - x)\,337$$

$$\frac{g x^2}{2} = 1011 - 337 x$$

$$g x^2 + 674 x = 2022$$

$$x = \frac{-674 + \sqrt{4g\,2022 + 674^2}}{2g}$$

$$x = \frac{-674 + \sqrt{4 \times 9,8088 \times 2022 + 674^2}}{2 \times 9,8088}$$

$$x = 2,879.$$

La valeur de x dans l'équation 2, donne

$$e = 3'' - 2,879 . 337$$

$$e = 0,121 . 337 = 40,777.$$

Le puits a 40 m. 777.

FIN.

TABLE DES MATIÈRES.

IMP. KAPP. PARIS-VANVES

www.ingramcontent.com/pod-product-compliance
Lightning Source LLC
LaVergne TN
LVHW020705200726
843508LV00002B/889